U0047818

Dr.小志志 圖解 健康醫學

劉育志
白映俞

——

著

第三章 | 癌症的認識與預防

第四章 | 認識無形的傳染病

作者序

在手術房裡，畫圖是外科醫師的例行公事。每一台刀，外科醫師都會在手術紀錄單上用圖解說明如何切除、如何重建以及術中各種發現。

一個偶然機會，我們用漫畫跟幼稚園的同學們解說消化道的生理作用，從口腔、食道、胃、十二指腸、小腸到大腸，孩子們都聽得津津有味，學得開開心心。這個經驗讓我們興起了用漫畫來談醫學的念頭。

原本艱澀難懂的醫學知識，一轉化成漫畫就變得生動有趣、平易近人，讓大家都能在輕鬆的閱讀過程中吸收重要的觀念。

醫學應該很日常、很實用，我們相信，漫畫能夠扭轉醫學冰冷生硬的形象，成為每個人的好朋友。醫學不只待在醫院裡，醫學可以走進每一戶人家！

劉育志、白映俞

碰到這些情況怎麼辦？

01

噎到

❓ 為什麼會噎到？

外來異物不小心卡在喉嚨或氣管，阻擋了空氣進出的動線，就是噎到。年長者通常是在進食時被食物噎到，年幼的孩童則可能是因為誤吞錢幣、電池等異物而噎到。

❓ 會出現哪些症狀或併發症？

當異物卡在喉嚨或氣管，空氣無法進出，患者無法吸入氧氣及排出二氧化碳，短時間內造成腦部缺氧，就會意識不清昏倒，若無及時處理則會變成植物人或死亡。

❓ 如何處理與急救？

若目擊周遭有人突然噎到，要先注意他目前的狀況。如果患者還能不斷咳嗽，就鼓勵患者繼續咳，直到排出卡住的異物為止。如果看到患者不太能咳，雙手環繞著脖子，瞪大眼睛，嘴唇發青且看起來愈來愈無法呼吸，就要趕快施行「哈姆立克法」。

施行「哈姆立克法」時，施救者要站到患者後方，在肋

噎到 怎麼辦？

還能一直咳嗽

鼓勵繼續咳 →  直到咳出東西

不太能咳 無法呼吸
嘴唇發青 說不出話

哈姆立克法
一手握拳，雙手環繞
放在患者肋骨下緣，
往內往上用力壓擠。

意識不清倒下

 **壓** →  **挖** →  **吹**

以CPR壓胸
方式擠出異物

挖出口內異物
看不到別亂挖

朝口內吹氣
吹不進就繼續
壓胸

骨下緣以雙手環繞著患者，其中一手握著拳頭，以另一手包覆著拳頭，接著雙手朝患者向內向上壓擠，一連 5 次。請記得，若你是在場唯一能施救的人，請先做「哈姆立克法」再打 119 求救。

如果噎到的患者缺氧嚴重，已經意識不清昏倒了。這時要記得施救口訣是**「壓、挖、吹」**。

首先讓扶住患者平躺於地板，準備心臟按摩，施救者雙手垂直下壓患者的兩乳頭連線中央，等於壓在胸骨上方。

連續心臟按摩 15 次，之後打開患者的嘴巴，這時若看得到口中異物則趕快取出，若看不到異物則不要亂挖，千萬不要在挖異物中反將異物愈推愈深，小孩子噎到時常常會出現這種狀況，請務必小心。

不管有沒有挖出異物，接下來是朝患者口內吹氣，萬一吹不進去，就繼續壓胸，重複「壓、挖、吹」的步驟急救。

扭傷

Q 什麼是扭傷？

扭傷代表韌帶承受較大的壓力而過度伸展及部分撕裂，例如當腳踝踩在不平整的地面，或奔跑時意外跌倒雙手撐地，就會突然讓腳踝或手腕承受不當施力，過度擠壓關節導致韌帶受傷。

Q 會出現哪些症狀或併發症？

扭傷之後，關節處會逐漸發紅變腫，關節活動程度下降，變得不太能動。這是由於扭傷後軟組織的微血管破裂，滲出微量血液，讓周遭軟組織變得腫脹。假使患者仍繼續活動受傷關節，發炎反應會讓紅腫加劇，關節壓力繼續升高，關節活動度大為降低，受傷的腳踝會變得幾乎無法行走。

Q 如何處理與治療扭傷？

扭傷後務必要記得下列幾項重點：休息、冰敷、壓迫、抬高。英文分別是 rest、ice packing、compression、elevation，取其字首是 RICE，大家可以當成口訣記起

來，非常實用。

扭傷後務必要讓受傷關節**休息**，別讓此處再負重或血流增強，觸發更多的發炎反應。所以，扭傷後第一件事情是停下活動，休息並檢查受傷部位，看看除了扭傷以外是否還有其他擦傷、撕裂傷，甚至關節變形，若有這些情況就要考慮就醫詳細檢查。若覺得非常疼痛且不清楚是否有骨折，可以先用手邊簡單的器具固定關節後再就醫，不要再讓關節負重或是隨意晃動。若很確定僅是扭傷，接下來就要開始冰敷。

冰敷能夠減少疼痛，讓血管收縮、減少受傷血管的滲血量，減少發炎反應，這時關節的腫脹會下降，加速復原。冰敷時可以用冰塊加水裝進袋子，以毛巾包著冰袋覆在受傷部位。每冰敷 15 分鐘休息一下，並依受傷程度自行增減冰敷頻率，但要記得，雖然建議患者受傷第一兩天內盡量冰敷，但還是要拿捏好冰敷的時間及程度。直接拿一整包冰塊敷在皮膚上並不恰當，尤其不適合有血管疾病、糖尿病或感覺異常的患者，否則會容易導致凍傷及皮膚受損，得不償失。

第三招是**壓迫**，壓迫受傷關節是要減少腫脹，在家中保健箱內可以常備彈性繃帶，若扭傷了，可用彈性繃帶包紮纏繞傷處。拿腳踝扭傷來解釋：彈性繃帶要從距離心臟血流最遠端，也就是接近腳趾的位置開始，續往腳踝及小腿處包紮，記得別纏太緊，壓迫是為了不讓腫脹擴

扭傷怎麼辦？
記得R.I.C.E.

R Rest  多休息

I Ice 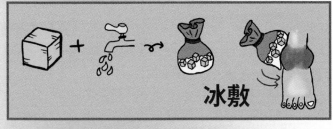 冰敷

C Compression 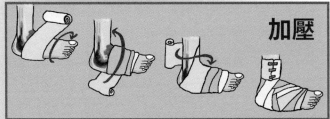 加壓

E Elevation  抬高

大，纏太緊會連正常血流都過不去。萬一覺得傷處愈來愈痛，腳趾頭甲床色澤變白，或是腳底變麻木或失去知覺，可能就代表血流不足，這時要趕緊放鬆彈性繃帶。

最後的步驟是**抬高**。建議把傷處抬到高於心臟的位置，像在看電視玩電腦時可以搬張椅子，抬高腳踝伸直腳放在椅子上；睡覺時可以多放幾個枕頭墊在腳下，讓腳踝高於平躺時的心臟位置。這樣做的好處是能減少地心引力對血流的影響，減少傷處的腫脹與血流。

若扭傷過於嚴重，或狀況愈來愈嚴重，記得要就醫檢查。醫師會先評估關節的活動度及腫脹狀況，並決定是否需要用 X 光檢查有沒有骨折。

Ⓠ 健康注意事項

假使漠視小小扭傷，讓受傷關節繼續活動，患者會發現受傷第二天的狀況比第一天更嚴重，小問題變成大麻煩。但也別誤以為扭傷患者全身都不能動。不是的。舉例來說，假使單側腳踝扭傷了還是想要活動，可以選擇坐著舉啞鈴或鍛鍊胸肌，反正別讓腳踝負重過重及活動太大。

想要避免扭傷，就要注意活動及運動的裝備、環境、自身狀況，當身體疲勞又缺乏熱身，穿上不適當的鞋子在太光滑或不平整的地面上活動，就會容易扭傷。想要避免別無他法，就是要在日常生活中注意這些簡單的細節。

暈倒

Q 為什麼會暈倒？

暈倒是種突發狀況，起因在於流進腦部的血流量突然不足，導致患者失去意識並倒下。

很多原因都會導致暈倒。心律不整、血糖太低、貧血、神經系統出狀況，都可能是潛在因素。也有些是家族遺傳問題。

一向健康的人也有可能暈倒。有人站太久而暈倒，有人用力上完大號後暈倒，有人在大力咳嗽後暈倒，有人在抽血時會暈倒。情緒不穩定、過度疼痛、緊張、飢餓、過度換氣、使用了藥物或酒精，同樣都可能導致暈倒。

多數患者只暈倒幾分鐘，之後會自動轉醒。就醫檢查時醫師會依據患者的病史、家族史、抽血檢查、心電圖等判斷暈倒的可能原因。

Q 暈倒前會出現哪些症狀？

患者會臉色變白，覺得虛弱且想吐，眼前的視野縮小，

聽不見周遭的聲音,接著肌肉失去張力無法站立而倒下,失去知覺。

Q 暈倒怎麼辦?

這要分成兩方面來說,一個是覺得自己快暈倒了,另一個是看到別人暈倒。

若覺得自己快暈倒了,可以先直接躺下,或趕快坐到地上及坐回椅子上,把頭低下放到兩膝之間,增加腦部血流。若身旁有人,要立即表達自己的不適,若無人在旁則需趕緊求救。

若看到旁人突然倒下,要先確定患者有無呼吸。若無呼吸心跳,要趕緊取得 AED 並做 CPR,也要立刻打電話找救護車送醫急救。關於 AED 的使用方式,請參閱本書內〈使用 AED 急救〉一篇。

若患者呼吸順暢,可先讓患者躺在安全處,鬆開他的衣領皮帶及各式緊繃衣物,並搬個椅子或石頭過來,抬高患者的腳放上去,讓腳部水平高於心臟水平以促進循環,並再度確認患者的呼吸狀況及意識。若患者無法呼吸、失去意識過久、年紀大、暈倒時有頭部外傷、有許多慢性病、是個孕婦,或出現抽搐等動作,就要立即送醫。

Q 如果你曾經暈倒，應該要注意

曾經暈倒的人需要就醫找出暈倒的原因，並盡量避免落入同樣情境。例如，避免久站、過度飢餓、過度換氣。起床時緩慢地變換姿勢，不要突然坐起身。如果會因為抽血檢查而暈倒，在抽血前要告訴檢查人員，並考慮躺著抽血以減少暈倒機率。若曾經因為心律不整、貧血、血糖等問題而暈倒，務必要接受定期檢查及治療。

Q 暈倒就醫可提供的資訊

- 是否長時間未進食或喝水？
- 是否長時間站立且未改變姿勢？
- 是否太快站起身？
- 是否服用降血壓藥、治療過敏用藥、治療憂鬱或焦慮的用藥？
- 是否飲酒？
- 是否在如廁時太過用力？
- 是否大力咳嗽？
- 是否血壓變動很大？
- 是否情緒起伏大且感到害怕？
- 是否有心律不整、糖尿病、癲癇、心臟病或慢性肺病等病史？

流鼻血

Q 為什麼會流鼻血？

我們的鼻腔內聚集了豐富的微血管，若鼻腔環境太乾燥、太冷、感冒、鼻竇炎，或受到撞擊、挖鼻孔等外傷，就容易刺激微血管出血。小孩及老人尤其容易受影響。

少數患者因為服用阿斯匹靈等阻礙凝血功能的藥物，或因肝病造成凝血障礙，也容易流鼻血。血壓太高及鼻腔腫瘤都可能造成流鼻血，但並不常見。

Q 如何處理流鼻血？

雖然絕大多數的流鼻血不算是病，也不太需要上醫院求診，但是流鼻血的景象挺嚇人的，我們需要學會居家處理的方法。

流鼻血時請維持坐著或站著的姿勢，不要躺下來。坐或站會讓鼻子的血壓降低；相反的，躺下會讓鼻子的血管壓力變大，更容易出血。除了維持直立姿勢外，還要稍微讓上半身向前傾，以利鼻血流出，記得不要仰頭，免得患者吞下太多血刺激胃部。

隨堂測驗 流鼻血

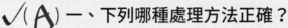

✓(**A**) 一、下列哪種處理方法正確？

A.

B.
仰頭

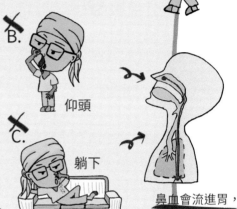

C.
躺下

✓用大拇指與食指捏住鼻子，
傾身向前並坐下，用口呼吸。

鼻血會流進胃，
引發嘔吐。

(**F**) 二、哪些情況會引發流鼻血？

A.挖鼻孔　　B.空氣乾燥　　C.頭部受傷
D.感染　　　E.過敏　　　　F.以上皆是

(**C**) 三、哪些情況要趕快到醫院求診？

A.捏鼻止血超過20分鐘，但放手後鼻血繼續流。
B.因意外造成頭部受傷而引發的流鼻血
C.以上皆是

用大拇指及食指捏住鼻子，藉由壓迫止住鼻血，別忘了打開嘴巴呼吸，5 分鐘之後放開手，通常鼻血已經止住了，如果還在流，再壓個 5 分鐘。若鼻血流到嘴巴要吐出來，免得吞進胃部引發嘔吐。

請記得，若過去沒有特殊疾病卻常常流鼻血，可以在室內加裝加濕器維持空氣濕度，並減少過敏、感冒等疾病的機會，還要養成不亂挖鼻孔的好習慣。當然，假使你太常流鼻血，還是要上醫院請醫師檢查。

Q 何時需要就醫治療？

如果壓迫止血 10 分鐘後鼻血仍流不止，就要考慮就醫。醫師會檢查出血位置及破裂的血管，並以塗藥棉球塞住鼻子止血，較嚴重時則需考慮血管燒灼術。

患者是因為外傷，例如被拳頭、棒球等外物重擊鼻子後而開始流血不止，也要考慮醫院處理，因為出血的原因可能是鼻骨骨折及血管破裂，需要用手術矯正才能止血。

萬一除了鼻孔流血之外，身體其他部位也出現流血症狀，像是血尿、血便等問題也需要盡快就醫。使用抗凝血劑或患有肝病的患者也需要考慮前往醫院處理流鼻血。

熱衰竭

Q 什麼是熱衰竭？

熱衰竭其實就是我們俗稱的「中暑」，代表身體的溫度迅速升高，失去調控降不下來。不管是待在炎熱的環境太久，或在日正當中運動過度，且無法及時補充足夠水分，衣著過厚，都可能會導致熱衰竭。

好發族群：年紀較小的孩子神經系統尚未發育完全，較難調控體溫，比起成人更容易中暑。年紀超過 65 歲的老人神經系統則是開始退化，同時可能在服用利尿劑或其他血壓調節用藥，因此也較容易中暑。

Q 熱衰竭會出現哪些症狀？

熱衰竭患者的體溫會上升，甚至高到攝氏 40 度，且隨著體溫升高，膚色會脹紅或發白。患者的呼吸速率和心跳速度都會加快，覺得頭暈頭痛、噁心想吐，非常無力，有人會一直冒汗，有人則是皮膚又熱又乾。接著患者會講話不清楚，愈來愈躁動，身體不自主抽搐或陷入昏迷。

Q 如何預防熱衰竭？

中暑是可能致命的疾病，千萬不要等閒視之。若注意到環境太熱且患者已經出現症狀，就要立即停下活動或離開炎熱環境，並就醫接受治療。

運動時要保持衣著輕便不厚重，適時補充大量水分，戶外運動或勞動時要選擇衣帽防曬，並避開日正當中時分。

成人要記住別把小孩留在車內，大太陽下車內溫度會快速升高，容易引發坐在車內的孩子熱衰竭。

Q 如何幫忙熱衰竭患者脫離險境？

1. 協助患者到陰涼處休息，回到屋簷下、樹蔭下等不被太陽直射的地方，若能進入有冷氣空調的室內最好。

2. 讓患者躺下並抬高雙腳。

3. 噴灑水在患者身上，搧風幫住患者身體降溫，也可用冷毛巾覆蓋患者的脖子、腋下、鼠蹊處，或找到電風扇或冷氣幫忙降低患者體溫。

4. 讓患者喝水或運動飲料，大量補充水分及鹽分，但記得，不可以喝含酒精或含咖啡因的飲料，反而會讓患者容易脫水。

5. 若患者症狀未緩解，體溫過高，意識混亂，癲癇發作，要立刻送醫急救

Q 醫師如何治療熱衰竭？

熱衰竭患者到院後，需要接受抽血、驗尿及一些影像檢查，確定目前的電解質平衡及器官受損程度。治療目標是先降下體溫，醫師可能會用冰毯、噴灑冰水、用點滴灌進冷食鹽水，甚至將患者整個人泡在冰水裡以求立即降溫。若患者已經開始抽搐，要用肌肉鬆弛劑減少肌肉發抖發熱增高體溫。萬一患者失去意識或循環中止，則需進入 CPR 急救流程。

小志志醫師的叮嚀

暑期外出要注意：
· 適時補充大量水分
· 要用衣帽防曬
· 避開正午時分
· 不要把小孩留在車內

若看到有人在大熱天裡

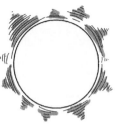

流很多汗
快要暈倒
噁心想吐

頭痛無力
肌肉痙攣
臉色發白

可能是

熱衰竭

你可以...

1.立刻協助患者
　到陰涼處休息

2.讓患者躺下
　並抬高雙腳

3.噴灑水在身上搧風
　幫助身體降溫

若患者症狀未緩解、
體溫超過40℃、意識混亂、
癲癇發作，
請立刻就醫。

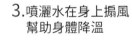

119

4.喝水或其他無酒精
　無咖啡因的飲料

動物咬傷

Q 什麼是動物咬傷？

你的腦海或許會浮現某個人在荒郊野外迷了路，被野狼或棕熊攻擊的畫面，感覺有點遙遠，又有點不切實際。

但其實人類並不容易被野生動物咬傷，因為野生動物通常會躲避人類，除非動物覺得自己的領地受侵犯、已經生病或感受到威脅，否則不會特意攻擊人類。因此，人類被自家寵物（像是狗與貓）咬傷抓傷的機會反而較高，甚至也有可能被別人咬傷。因此，目前動物咬傷通常在第一時間並不致命，但此種傷口不平整又容易導致細菌入侵，後續容易影響患者美觀，並帶來感染問題。

Q 被動物咬傷怎麼辦？

要先確定這隻動物有沒有狂犬病。例如被寵物咬傷時，要回溯寵物是否接種過狂犬病疫苗。若被其他野生動物咬傷，則要確認究竟是哪一種動物。松鼠、老鼠等齧齒類動物較少會感染狂犬病，但蝙蝠、鼬獾、狐狸等動物就很可能帶有狂犬病。萬一不確定或是懷疑動物染有狂犬病，要記得盡量留下動物，並帶著動物一起就醫。

Q 如何治療動物咬傷？

若被自家寵物咬傷且確定寵物沒有帶狂犬病的可能，患者可以先判斷傷口形式再決定是否就醫。若傷口非常淺，幾乎沒有破皮或僅類似擦傷，用肥皂水沖洗乾淨後塗抹抗生素藥膏即可。

若造成了較深的撕裂傷口，記得先拿乾淨紗布直接替傷口加壓止血，並就醫尋求協助。假使已經超過 5 年沒接受過破傷風類毒素注射，且傷口較深，就醫時就需要接受破傷風類毒素注射。

醫師會視傷口狀況清洗並處理傷口。並非每種傷口都適合在第一時間縫合，若傷口過大或太髒，需先換藥一段時間，等傷口較乾淨後再行縫合。若咬傷部位在手、腳、下體、關節等處，患者常常需要服用抗生素減少感染。

Q 治療後的注意事項

患者要注意傷口的狀況。若傷口呈現**紅、腫、熱、痛、滲出膿液**等，都是感染的徵兆，要再就醫尋求幫助。在這裡要提醒大家，雖然被狗咬傷的案件較多，但被貓咬傷的傷口多屬穿刺傷口，完整消毒殺菌比較難，比較容易引發後續感染，需要多留意。

先確定這隻動物有沒有狂犬病？

搞清楚寵物是否
接種過狂犬病疫苗

松鼠、老鼠等齧齒類
較少感染狂犬病

蝙蝠、鼬獾、狐狸
很可能有狂犬病

不確定或懷疑動物有狂犬病，請留下動物，並儘速就醫！

動物咬傷怎麼辦？

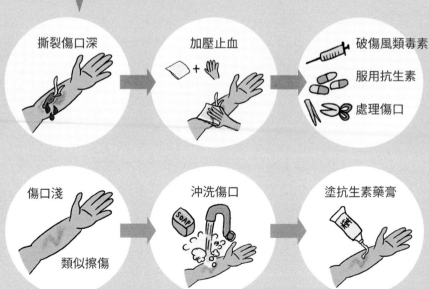

撕裂傷口深

加壓止血

破傷風類毒素

服用抗生素

處理傷口

傷口淺

類似擦傷

沖洗傷口

塗抗生素藥膏

毒蛇咬傷

Q 如何避開毒蛇咬傷？

台灣的毒蛇咬傷以每年 5 月到 10 月為主，7 月 8 月最多。若前往可能有毒蛇的郊外踏青時，請記得要穿著長袖、長褲、長靴，並要「打草驚蛇」，走在草叢間要不時拿著棍棒打探前方，別輕易踏進廢棄的房子或洞穴，無論是要取柴、爬樹，都得先看清楚再行事，選擇乾燥並空曠的地方紮營，避開石堆雜物，睡前在營區周邊撒上石灰或生營火。萬一看到蛇出現請盡快避開，不要招惹蛇。

Q 毒蛇咬傷會出現哪些症狀或併發症？

台灣主要毒蛇可分成兩類，百步蛇、青竹絲、龜殼花屬於出血性毒蛇，而雨傘節及眼鏡蛇則是神經性毒蛇。由於帶的毒素不同，引發的症狀亦不同。

被出血性毒蛇咬到後，患者受傷部位會因為出血而迅速腫脹，傷口處滲血及出現小水泡。若局部快速腫脹，導致組織承受過大壓力，會演變到腔室症候群及橫紋肌溶解症。若影響到全身凝血機制，患者會出現口腔流血、尿尿含血、大便含血等症狀。

神經性毒蛇放出的毒素會阻斷神經傳導，傷口處會感覺麻木，傷口疼痛度及腫脹程度較出血性毒蛇咬傷的傷口還少。然而當神經性毒素繼續發威，則會讓患者全身肌肉無力、肢體麻木、頭暈噁心，眼皮下垂、口齒不清，嚴重者甚至會呼吸衰竭。

Ⓠ 被毒蛇咬傷會如何處理與治療？

萬一不幸被毒蛇咬到請趕快就醫，視毒蛇種類接受「出血性蛇毒血清」或「神經性蛇毒血清」注射，以對抗體內毒素。患者需先留在醫院急診觀察，依症狀反應決定是否需要追加血清劑量。醫師會評估傷口變化，若傷口太過於腫脹，要考慮施行筋膜切開術以搶救缺乏血液循環的肢端。

由於通常患者是在草叢、樹林等交通較不便利的地方被毒蛇咬到，需花上一段時間等待救援。請記得，在這段時間內不要慌張地隨意走動，最好找個安全的位置坐下，保持冷靜，讓被咬到的患處低於心臟的水平高度，並且先褪去患處的衣物、手環、手錶、戒指等束縛物，否則接下來患側會愈來愈腫脹，肢體容易因束縛、血流減少而壞死。這段時間內切勿飲酒或喝咖啡加速血液循環。

如果無法一眼認出毒蛇的種類，可以盡量記住毒蛇的顏色、形狀及花紋，到了急診室後醫師會拿出圖卡請患者指認毒蛇，以確定要施打哪一種血清治療。不要為了指

白蛇與小青的逆襲

毒蛇咬傷怎麼辦？

被毒蛇咬傷時，
請**不要**這樣做！

不要切開傷口

不要綁止血帶

不要冰敷

不要用嘴吸

這些方法**不能**排出毒液或
減少毒液吸收，
反而會增加肢體壞死
或神經傷害的機會。

也不要

不要喝酒
或喝咖啡

不要提高患肢
高於心臟

不要追蛇

你應該**要**⋯

等待救援時，**要**⋯

立刻求救，
送醫施打蛇毒血清，

保持冷靜

記住
毒蛇特徵

除去患側衣物、
戒指、手環等

不要走動

讓患處低於心臟

認毒蛇種類而拚命追打毒蛇，這樣反而會加速全身血液循環運行，讓毒素更快擴散至全身。就算真的不知道是哪一種毒蛇，通常也無大礙，到醫院後醫師會以臨床症狀評估需給與的藥物。目前醫療發達，台灣因毒蛇咬傷而死亡的人數非常少，患者請靜心等待救援，別過度慌亂。

Q 毒蛇咬傷自救新觀念

過去坊間建議的毒蛇咬傷自救方法，包括切開傷口、吸出血液、冰敷等，都已經被證實為無效，或是容易導致更多問題，現代醫學已經不建議這麼做了。

原因在於，當患者被毒蛇咬傷時，毒液會很快地進入傷口，而且是往深處去，不是僅停在表皮。所以想要吸光毒液很不切實際，部分毒液早就擴散至他處，嘴巴吸出的毒液反而容易從口腔內的傷口跑進身體。切開傷口同樣無法減少毒液吸收，若患者在野外用不清潔不恰當的器具切開傷口，反而會進一步引發傷口腫脹壞死、感染、難癒合等後遺症，有時還會切斷神經、肌肉或血管。冰敷及綁上止血帶都不能排出毒液，反而會增加肢體壞死的機會，也請避免。

一氧化碳中毒

Ｑ 一氧化碳中毒的原因

一氧化碳是種無色無味的氣體，含碳物質不完全燃燒後的產物，並不算少見，通常不會造成什麼問題。但若在密閉或通風不良的空間使用發熱機器或火災燃燒，一氧化碳會快速累積，產生危害。

為什麼一氧化碳會有害？我們呼吸時，氧氣能進入人體與血紅素結合，並隨著血液推動抵達全身各處供給器官所需。然而**一氧化碳與血紅素的親和力比氧氣與血紅素的親和力高上兩三百倍**，當環境的一氧化碳濃度過高，體內的血紅素就無法與氧氣結合，而改與一氧化碳結合。這時身體組織便無法獲得足夠的氧氣，器官開始缺氧壞死。

好發族群：還在準媽媽腹中的胎兒尤其容易受到一氧化碳影響，因為胎兒體內的血紅素更容易與一氧化碳結合，很快就會造成體內缺氧。

另外，由於小朋友的呼吸速度較快，比起相同事件中受影響的大人，更容易一氧化碳中毒。

一氧化碳中毒

一氧化碳無色無味，是含碳物質不完全燃燒的產物。

吸入過多
一氧化碳

體內血紅素
原與氧氣結合

血紅素改與
一氧化碳結合，
造成組織缺氧，
一氧化碳中毒！

一氧化碳中毒時，
會出現這些症狀…

頭痛　　頭暈　　喘不過氣　　嘔吐　　倒下　　死亡

抽血確定
一氧化碳中毒後
要…呼吸純氧

高壓氧艙治療

最重要的是預防！
加裝一氧化碳警報器

使用瓦斯時
要保持良好通風，
熱水器勿裝在室內，
不要在室內烤肉。

Q 一氧化碳中毒會出現哪些症狀或併發症？

一氧化碳造成的整體傷害需視暴露時間長短與一氧化碳濃度多寡而定。剛開始的中毒症狀通常不明顯，但若患者無法及時警覺或無法離開危險環境，體內一氧化碳濃度會持續增加，讓患者感到頭部鈍痛與暈眩，覺得逐漸虛弱及呼吸困難。

隨著氧氣濃度愈來愈不足，患者的血壓下降、心跳加速、開始嘔吐、視力變模糊，接著就會失去意識倒下，邁向死亡。即使患者後來得到醫療救治，仍有機會因缺氧而留下永久腦傷及心臟受損。

Q 如何治療一氧化碳中毒？

處於密閉空間感覺到頭痛、頭暈、噁心、嘔吐等症狀，要有警覺可能是一氧化碳中毒，請立即打開門窗讓空氣流通，或直接到戶外能呼吸到新鮮空氣的地方，並尋求醫療協助。

若因為火災、在室內燒炭、室內使用瓦斯熱水器等事件而被救護隊送往醫院，醫師經由病史及症狀推測患者可能一氧化碳中毒，會先以面罩或鼻導管提供純氧讓患者呼吸，藉以取代體內的一氧化碳，並抽血檢查血液中的一氧化碳濃度。假使這時患者已神智不清或無法自行呼吸，則會考慮插氣管內管，以呼吸機輔助呼吸氧氣治療。

高壓氧能加速體內血紅素與一氧化碳分離，也會加快氧氣運送到體內各組織的速度，因此常用於治療一氧化碳中毒，尤其是症狀嚴重的患者或孕婦。然而部分研究認為，高壓氧治療一氧化碳中毒的角色並不明朗，還需要更多大型實驗佐證才行。另外，並非每個醫療院所都能提供高壓氧治療。

Ⓠ 如何預防一氧化碳中毒？

我們必須強調「預防最重要」。多注意日常生活中的細節，就能避免危機。例如家中瓦斯熱水器安裝的地點要在屋外或通風良好的陽台，假使陽台加裝窗戶且通風不足，要考慮改用電熱水器。

另外，不要在密閉的車庫發動車子，不要在室內烤肉，使用瓦斯時務必確定通風良好，並在室內加裝一氧化碳警報器。

燒燙傷

Q 什麼是燒燙傷？

皮膚是相當重要的器官，負責感覺、調節體溫、防止水分散失、避免微生物侵入。當皮膚接觸火焰、熱水、熱油、蒸氣、強酸、強鹼、排氣管時，便會被破壞而失去各項功能。

Q 燒燙傷會出現哪些症狀？

燒燙傷的嚴重程度主要依照受傷的深度與範圍來評估。

一度燒燙傷：傷及表皮，患部發紅且疼痛。傷口大約在一周左右便能復原，不太會留下疤痕。

二度燒燙傷：傷及真皮，患部出現水泡且伴隨疼痛。若給予妥善照顧，傷口會在 2 至 3 周後癒合。

三度燒燙傷：傷及皮下組織，患部呈現焦黑或死白。由於感覺受器遭到破壞，患部本身不太會痛。這類傷口通常需要清創、植皮。

燒燙傷怎麼辦？

沖 用流動的冷水沖，約十到十五分鐘。

脫 受傷處會愈來愈腫，要及早移除衣物、戒指、手錶等物品。

泡 泡在冷水中，不弄破水泡。

蓋 用乾淨紗布包住患處，若沖水後覺得冷，記得要保暖。

勿 用冰塊、油、或牙膏等物品塗抹患處！

Q 如何處理燒燙傷？

遇到燒燙傷時，首先要移除熱源，然後便是沖、脫、泡、蓋、送。

沖：用乾淨的水源沖傷口 10 至 15 分鐘，可以冷卻患部並減輕疼痛。

脫：脫掉患部的衣物、戒指、手錶等物品。

泡：將患部泡在水中。

蓋：用乾淨的毛巾、紗布蓋住患部。

送：盡快就醫。

很多人會誤信偏方，在患部塗牙膏、麻油、鹽巴、雞蛋、豬油、尿液、麵粉、冰塊等千奇百怪的東西。這些東西不但對傷口沒有幫助，還可能導致進一步傷害及併發症，千萬不要輕易嘗試。

Q 醫師如何治療燒燙傷？

醫師會清潔傷口，塗抹抗生素藥膏，然後加以包紮，降低傷口感染的機會。受傷的皮膚防護效果較差，容易遭到微生物入侵，所以要盡量維持傷口清潔。

小面積燒燙傷的患者可以返家自行換藥，定期回門診追蹤即可。大面積燒燙傷的患者會面臨許多危險，需要住院，甚至住進燒傷中心治療。

燒燙傷分級

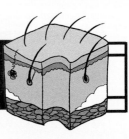

表皮
真皮
皮下組織

一度燒燙傷

受傷範圍：表皮
傷口外觀：紅、腫

二度燒燙傷

受傷範圍：表皮與真皮
傷口外觀：紅腫、起水泡

三度燒燙傷

受傷範圍：全層皮膚
傷口外觀：焦黑死白、
　　　　　硬如皮革

嚴重燒燙傷

Q 嚴重燒燙傷會面臨哪些危險？

大面積 2 度、3 度燒燙傷的患者會面臨一連串相當棘手的問題，可能會危及性命。

首先，患處會流失大量體液使患者脫水。失去皮膚的屏障後，患者容易失溫。

因為環境中的微生物無所不在，所以在傷口完全癒合前都有可能感染，甚至發展為敗血症。

倘若在受傷時吸入高溫氣體，呼吸道也會被破壞，演變成呼吸衰竭。另外，大範圍皮膚受損將使患者疼痛難耐，備受煎熬。

Q 嚴重燒燙傷如何治療？

若有以下狀況，患者可能需要住進燒燙傷病房。
- 當燒燙傷面積超過 10% 體表面積。
- 有 3 度燒燙傷。
- 傷及臉部、會陰、重要關節。

· 伴隨吸入性灼傷。

醫師會給予充足的靜脈輸液，避免脫水、電解質失衡。必要時使用藥物止痛，緩解患者的不適。傷口會敷上抗生素藥膏，然後安排一連串手術減壓、清創、植皮。若有感染徵象，便需要注射抗生素，協助身體對抗微生物入侵。

伴隨呼吸道灼傷的患者可能需要插呼吸管，藉著呼吸器的支持度過難關。傷口復原後，患者還需要接受長時間復健或後續手術改善疤痕攣縮、肢體變型等問題。

ⓠ 復健會面臨哪些問題？

大面積嚴重燒燙傷會讓疤痕攣縮、肢體變形或關節失能，因此要注意以下事項：

· **身體擺位：**對抗疤痕攣縮、預防畸形，可能需以副木固定肢體姿勢。
· **復健運動：**運動可避免關節硬化，出院後尤其需要自我督促，不可鬆懈。
· **處理疤痕：**除了配合擺位、副木、運動等方式外，還要依醫師指示按摩、加壓，並穿戴彈性衣。
· **心理重建：**患者會在個人、家庭、社會各層面遇上困難。必要時須尋求專業協助。

燒燙傷患者面臨的危險

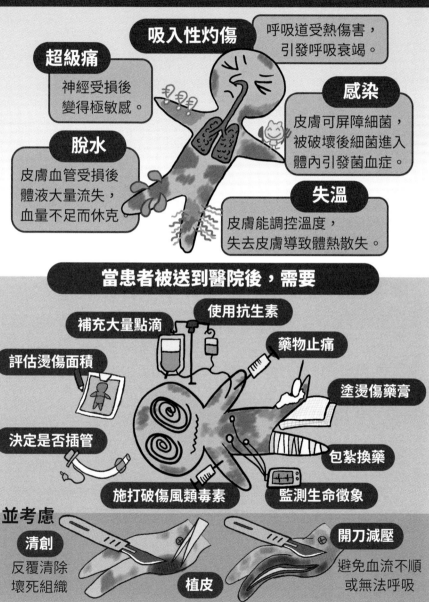

吸入性灼傷
呼吸道受熱傷害，引發呼吸衰竭。

超級痛
神經受損後變得極敏感。

感染
皮膚可屏障細菌，被破壞後細菌進入體內引發菌血症。

脫水
皮膚血管受損後體液大量流失，血量不足而休克。

失溫
皮膚能調控溫度，失去皮膚導致體熱散失。

當患者被送到醫院後，需要

使用抗生素

補充大量點滴

藥物止痛

評估燙傷面積

塗燙傷藥膏

決定是否插管

包紮換藥

施打破傷風類毒素

監測生命徵象

並考慮

清創
反覆清除壞死組織

植皮

開刀減壓
避免血流不順或無法呼吸

癲癇

Q 什麼是癲癇？

癲癇起因於大腦皮質神經細胞活動過度或不正常放電，患者因而無法控制肌肉或無法正常接受到視覺、聽覺、嗅覺等感覺。最為人所熟知的表徵，大概是全身肢體痙攣抽搐、意識不清。但這只是 30 多種癲癇分類的其中一種而已。

Q 癲癇會出現哪些症狀？

當癲癇患者失去正常感覺，外人較難得知患者正處於癲癇發作狀態。我們能觀察到的癲癇多是出現痙攣、抽搐等動作，患者可能會突然四肢挺直、背部拱起，發出哭叫聲，四肢不停抖動。

Q 目擊癲癇怎麼辦？

假使遇到有人癲癇發作，我們可以做下列事情：

1. 讓患者慢慢躺下，偏向一側，讓口水或食物能自然流出，患者不會被自己的口水或嘔吐物嗆到。

求救

目擊癲癇怎麼辦？

移開周遭
危險物品

陪伴患者

紀錄癲癇
持續多久

移除眼鏡

鬆開領帶圍巾
保持呼吸順暢

墊個包包
避免頭部
撞擊地面

讓患者側躺，使口水或食物流出來。

絕對不能
這樣做！

大聲
呼喊

灌水灌藥

試圖叫醒患者

NO

把東西塞進患者嘴裡

綁住患者、壓制身體

2. 移開周遭危險物品，避免患者在意識不清時碰撞受傷。

3. 摘除患者眼鏡。

4. 鬆開患者的領帶圍巾，保持其呼吸順暢。

5. 在患者頭側墊個包包或折起的外套，避免患者在身體
   顫動時不時以頭撞擊地面。

6. 陪伴患者，並記錄癲癇發作時間持續多久，也可以觀
   察患者出現哪些動作，這對後來醫師的評估很有幫助。

7. 假使患者是第一次癲癇發作、有呼吸困難、癲癇發作
   超過 5 分鐘、接連癲癇發作、一直醒不來、摸起來體
   溫過高、患者是孕婦或慢性病患者，就要打 119 求救。

8. 陪伴患者到他完全清醒，若患者在抖動痙攣時受到外
   傷，也要前往醫院檢查。

Q 遇上癲癇該注意的事項

坊間傳聞認為，看到癲癇發作的患者要塞物品進患者的
嘴巴，以免患者咬斷自己的舌頭。這裡要提醒大家，絕
對不要塞給患者任何物品，無論是木棍、手指頭、毛巾，
都不適合，此舉不僅會傷害牙齒或牙齦，還可能阻塞了
呼吸道，患者反而會因為無法呼吸而死亡。

不要在癲癇發作時對著患者灌水或灌藥，患者也會無法呼吸。簡單說，就是別放任何東西進入癲癇患者的嘴巴裡。

患者還在全身顫動時，大聲呼喊試圖叫醒患者是完全沒用的，請把握時間做該做的事。

請不要綁住患者或壓制患者身軀，癲癇發作時的全身抖動來自腦部的不正常放電，並非患者自主行為，外人更無法以蠻力壓制成功。

小志志醫師的叮嚀

癲癇發作時若有以下狀況，需要立即就醫：
· 這是第一次癲癇發作。
· 發作超過五分鐘。
· 前次癲癇發作後，馬上第二次發作。
· 患者為孕婦。
· 患者發高燒或有熱衰竭。
· 癲癇發作後患者呼吸不順或意識無法回復。
· 患者在癲癇發作時受了外傷。
· 患者是糖尿病患。

腦內風暴——癲癇

造成癲癇的原因

基因

病因不明

頭部外傷

感染

中風

顱內腫瘤

大腦皮質神經細胞
活動過度或**異常放電**

造成

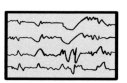

無法正常接受感覺　　　　無法控制肌肉

醫師常使用**腦波圖**
協助診斷癲癇，
並配合大腦影像
找出可能的原因。

癲癇不會傳染

多數可以
藥物控制　　少數需要
手術治療

使用 AED 急救

Q 什麼是 AED ?

AED 是 automated external defibrillator 的縮寫,全名為「自動體外心臟去顫器」,口語常稱作「傻瓜電擊器」。現在於許多公眾場合,像是機場、捷運站、百貨公司、游泳池邊都可看到傻瓜電擊器的蹤影,這種可攜式醫療設備能自動偵測路倒者是否心律不整,並自動施以去顫電擊,以拯救瀕死病患。

Q 什麼時候要使用 AED ?

患者若發生心室顫動,心臟就無法有效輸送血液到全身,及時電擊就有機會讓心臟恢復正常跳動頻率。假時沒有救治,每過一分鐘,急救存活率就下降 10%。因此,AED 存在的目的就是讓一般人在救難人員抵達前,能救治突然喪失意識、呼吸停止、循環停止患者的設施。

Q 使用 AED 的流程

如果在公眾場合突然看到有人倒下,我們可以立刻施行「CPR + AED」救治病患。流程並不難,請先記得口訣

傻瓜電擊器AED

若在公眾場合突然
看到有人倒下
很可能是因為
突發性心律不整
你可以
立刻進行

CPR+AED

叫

確認意識呼吸

你還好嗎？

查看患者
有無反應
有無呼吸

叫

呼救請求協助

請旁人快撥119

就近取得AED

壓

開始按壓胸部

在兩乳連線中央垂直下壓
每分鐘100-120下

電　使用AED

開 → **貼** → **插** → **電**

打開AED電源

依圖示黏上貼片

等待分析
聽候AED指示

確定無人碰觸患者
再依指示執行電擊

為「叫叫壓電」。

步驟 1：「叫」

確認患者的意識與呼吸狀況。可以問病患：「你還好嗎？你怎麼了？」並看看患者是否有反應。假使患者完全沒反應，就進行第 2 個步驟。

步驟 2：「叫」

是指呼救、請求協助，大聲呼喊：「這裡有人需要幫忙。」若現場有超過兩個人過來幫忙，請其中一個人打電話給119，請另一個人去拿 AED。在患者身旁的施救者則繼續做第 3 個步驟。

步驟 3：「壓」

開始心臟按摩。做心臟按摩時，要讓患者平躺，施救者跪在患者胸部身旁，把雙手伸直交疊，對著患者兩乳連線中央垂直向下壓，每次下壓深度大約 5 公分，速度維持在每分鐘 100 下到 120 下。如果施救者從未接受過急救訓練，就保持壓胸動作直到旁人將 AED 送達。

AED 被送達時，要執行步驟 4：「電」

先打開 AED 的電源，剪開患者衣服，依照圖示把貼片貼到正確位置，接好後就等待 AED 分析。半自動的AED 機型發出電擊指示時會提醒施救者不能碰觸病人，等待施救者按下按鈕才會執行電擊。全自動型的 AED會發出即將電擊的警示，提醒施救者不要碰觸患者，自

動電擊患者心臟。

若 AED 沒有指示需要電擊，這時要繼續給急救者做心臟按摩，直到救難人員抵達。AED 電擊之後，機器會再度判讀患者心律使否恢復正常，是否需要再度電擊，若無需電擊且患者尚未恢復脈搏，施救者同樣需繼續做心臟按壓，等待救難人員抵達。

小志志醫師的叮嚀

平時反覆練習「叫叫壓電」的口訣就有機會救人一命，各位讀者請務必牢記。

頭部外傷

Q 什麼是頭部外傷？

只要頭部受到撞擊，不管是走路撞到頭，被毆打，被飛來的球、花盆、機械、子彈打到，或者車禍中整個人摔到地上，都被統稱為「頭部外傷」。然而，根據受傷機轉及個人身體狀況不同，頭部外傷後患者的結果差距非常大。多數頭部外傷不會帶來太大影響，然而有些頭部外傷會造成嚴重顱內出血，甚至危及生命安全。

Q 頭部外傷會出現哪些症狀或併發症？

多數時候我們意外撞到頭但沒有特別症狀，頂多在受傷當下覺得有一點點暈暈痛痛。但大家務必要記住，頭部外傷的症狀不僅可能在受傷之際出現，也可能在受傷幾個小時或幾天內慢慢出現。另外，就算頭臉部沒有出現任何瘀青或傷口，顱內的腦組織還是可能因為大力碰撞而出血瘀青。

假使你注意到身邊的人頭部受傷後有以下症狀，請不要遲疑，立刻將患者送醫或打 119 求救：

- 患者頭部臉部出血嚴重，或有大片撕裂傷。
- 耳朵、鼻子、眼睛持續流血或流出不明液體。
- 患者的臉骨或頭骨明顯凹陷。
- 眼窩或耳後的腫脹及瘀血嚴重。
- 患者失去意識。

以上現象都代表受傷當下的撞擊力道過大且傷害明顯，要及時就醫確定患者生命徵象及受傷程度。

另外要提醒家長，假使孩子在車禍中受傷且有了上述症狀，請立即打 119 求救，請讓孩子待在安全處等待救援，家長可以壓住出血處降低出血量，但絕不要因為心急就抱著孩子搖晃、企圖叫醒孩子，這會增加腦脊髓受傷嚴重程度。

◐ 受傷 3 天內要特別注意

就算頭部受傷的當下患者沒有任何不適，或甚至已經做完電腦斷層檢查，也千萬不要掉以輕心。頭部外傷會連續變化，有機會造成顱內出血，剛開始出血很少量，所以患者不會有什麼症狀，但隨著出血量愈累積愈多，症狀會愈明顯。因此要提醒大家，頭部受傷的 3 天內都要注意症狀，更要請同住的家人替你注意，我們現在來看看哪些是值得注意的症狀：
- **劇烈頭痛**：頭部是個密閉系統，當顱內出血愈來愈多，累積的血量會對腦組織造成壓力，患者因而頭痛。

頭部外傷 你該注意！

頭部受撞擊後，若患者

意識不清

有大片撕裂傷

大片腫脹瘀青

骨頭凹陷

鼻子流出血或清澈液體

請立即就醫

頭部外傷有機會造成顱內出血，
剛開始顱內出血的症狀可能不明顯，
需密切觀察，若出現以下症狀請立即就醫。

暈眩惡化

劇烈嘔吐

瞳孔不等大

劇烈頭痛

胡言亂語

嗜睡

血壓飆高

癲癇發作

失去意識

- **劇烈嘔吐：**同樣是腦壓過高而產生的併發症。

- **血壓飆高：**腦壓上升後，患者血壓也會上升。假使頭部外傷後兩三天內患者的血壓總居高不下，即使沒有其他症狀也要記得就醫檢查。

- **兩側瞳孔不等大：**顱內有壓迫性的血塊會造成同側瞳孔擴張。

- **說話不清楚或胡言亂語：**代表腦組織受傷或正受到血塊壓迫，功能不正常。

- **嗜睡或失去意識：**意識狀態是治療頭部外傷的重要指標，剛撞傷頭部回到家觀察時，家屬要記得別讓患者一睡睡太久，一兩個小時可以叫患者一次，看看患者有沒有正常反應，萬一怎麼叫都叫不醒就要立即就醫。

- **癲癇發作：**代表腦組織受傷，神經異常放電。

以上症狀不管發生在大人或小孩身上都要很小心，最好就醫檢查。另外，小朋友常說不清楚自己的症狀，或是還不會說話，因此，孩子在頭部撞傷後若是不停地哭泣，完全吃不下東西，或吃什麼就吐，也要趕緊送醫。

顱內出血

Q 什麼是顱內出血？

高處跌落、運動傷害、車禍等撞擊會讓供應頭殼或腦組織的血管破裂，流出的血液會蓄積在頭部這個密閉空間內，根據流血位置的不同，能分成硬腦膜上腔出血、硬腦膜下腔出血、蜘蛛網膜下腔出血、腦出血等類，但這些都被統稱為顱內出血，有時患者也會同時罹患兩、三種出血型態。

撞到頭不代表顱內一定會出血，但若頭部外傷的患者年紀較大、患有肝硬化、長期酗酒、規則服用抗凝血劑，就是容易出血的族群。

Q 顱內出血分成哪些種類？

在〈頭部外傷〉裡曾提醒讀者要注意的頭部外傷徵兆，包括頭痛、嘔吐、意識變化、癲癇、瞳孔不等大等，都可能是顱內出血的徵狀，在此就不重複。這裡簡單介紹不同的顱內出血種類：

· **硬腦膜上腔出血**：腦膜外層或頭殼的血管破裂，而且

顱內出血 你該注意！

頭部受撞擊後，若患者

年紀大

肝硬化

規則服用
抗凝血劑

長期酗酒

或有嗜睡、意識不清、劇烈嘔吐頭痛等症狀，醫師會安排

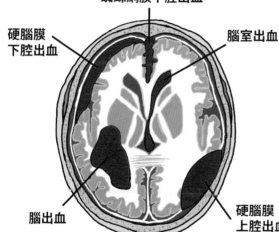

電腦斷層

蜘蛛網膜下腔出血

硬腦膜
下腔出血

腦室出血

腦出血

硬腦膜
上腔出血

若有顱內出血
則要評估
1.出血形式
2.出血量
3.病人狀況
決定後續治療計畫

醫師會合併藥物與手術
降低腦水腫及顱內壓力

手術可以

清除血塊

移除頭骨降低顱內壓力

破裂的常常是動脈，因此會快速聚積血塊壓迫腦組織。患者剛受傷時常常意識還是清楚的，爾後卻突然昏迷，多數需緊急手術，否則會致命。

・**硬腦膜下腔出血：**這是最常見的創傷型顱內血腫，多為硬腦膜與蜘蛛網膜之間的靜脈被扯斷而滲血，血塊壓迫腦組織產生壓力而造成。這類出血又會依照受傷時程分成 3 類，最常見的是受傷 3 天內的「急性」硬腦膜下出血。受傷 3 天以上到數周才出現症狀的是「亞急性」硬腦膜下出血，受傷數周以上才有症狀的稱為「慢性」硬腦膜下出血。醫師診斷後會視血塊大小和進展速度決定不同的治療方式。

・**蜘蛛網膜下腔出血：**撞擊時讓蜘蛛網膜處的血管破裂或動脈瘤剝離。

・**腦出血：**腦內組織血管破裂造成的出血稱為腦出血。這類患者不僅腦血管破裂，通常腦組織也受到極大撞擊而有所損傷，腦部思考及運動等功能不容易恢復，常會有許多後遺症。

・**腦室出血：**腦室是大腦內部含有腦脊髓液的空腔，算是大腦的緩衝構造。頭部外傷時若讓腦室破損，腦部出血會流向腦室，腦室因而擴大壓迫腦組織。

Q 如何治療顱內出血？

患者在頭部外傷後變得意識不清、頭痛嘔吐、嗜睡、瞳孔不等大，醫師會安排腦部電腦斷層檢查。檢查結果能讓醫師了解顱內出血的位置、形式，算出大致出血量，及評估頭殼及腦組織受損程度。醫師做出評估後，會再配合患者年紀、身體狀況、意識程度來決定後續處理方法。若顱內出血量很少且患者沒有症狀，並不需要立即手術，但需要持續觀察狀況變化。若在數小時內患者症狀變化迅速，可能需要再做一次腦部電腦斷層評估出血擴展程度。

硬腦膜上腔出血和急性硬腦膜下腔出血的患者常需要手術治療。手術時醫師會清除血塊，有時還需移除部分頭骨以降低顱內壓力。

開腦術後，醫師會配合藥物以降低腦水腫、顱內壓力和防止癲癇發作，在加護病房觀察患者意識和生命徵象變化。後續的復健可能很漫長，無論是患者或家屬都需要調適。

氣胸

Q 氣胸成因

我們呼吸時，空氣會從口鼻經過呼吸道進入肺臟行氣體交換，而氣胸代表肺臟內的肺泡「漏氣」，空氣沒有停留在肺臟，卻從肺泡滲漏到肋膜腔。由於胸廓被肋骨與肌肉包覆，是個固定空間，當空氣停留在肋膜腔內，就會擠壓到肺臟膨脹的空間，受傷的肺臟因而塌陷，影響患者呼吸。

好發族群：氣胸好發於年輕人，尤其常見於高高瘦瘦、有抽菸習慣的男性，因其肺部可能有部分病變而容易破裂漏氣。肺結核、肺氣腫、肺炎、肺癌等肺疾患者也可能因為肺部病變而導致氣胸。另外，胸部鈍挫傷造成肋骨斷裂而刺穿肺部，或是子彈、刀子等物穿透肺臟，都能引發。曾發作過的患者常在一兩年後復發。

Q 氣胸會出現哪些症狀？

最常見的症狀是胸痛及呼吸急促，隨著愈多氣體聚積肋膜腔，擠壓到肺臟，會讓呼吸愈來愈困難，同時全身會缺氧。最嚴重的是造成「張力型氣胸」，意即肋膜腔壓

力過大，壓迫到心臟、大血管及另一側肺部，影響血液流動和換氣量，患者會因而缺氧、休克、死亡。

Q 如何治療氣胸？

年輕人因胸痛及呼吸困難就醫，醫師會確定其生命徵象，並用聽診器檢查兩側肺部的呼吸音，若單側呼吸音減少，則要擔心是否有氣胸。這時就要拍一張胸部 X 光片評估氣胸程度。

部分第一次氣胸發作的患者症狀輕微，且氣胸範圍小，可以讓患者吸入高濃度的氧氣，等待漏氣的肺泡癒合，並觀察患者體內是否慢慢自行吸收漏出的氣體。觀察過程中需要繼續以 X 光片評估氣胸嚴重程度。

假使患者的氣胸程度較嚴重，則要趕緊以胸管引流出蓄積在肋膜腔的氣體，讓肺部重新擴張。醫師會以胸瓶內的氣泡量及 X 光片，評估氣胸是否緩解。

若受傷的肺部持續漏氣且肺部無法順利擴張、患者兩側都有氣胸，或氣胸反覆發作，則需要考慮手術治療。手術方式多以胸腔鏡切除漏氣的肺泡為主，並配合肋膜沾黏術，於肋膜間灌入藥物使其黏合，避免空氣漏出。

要命的 氣胸

如果你...

胸部受到
外力撞擊

是身材瘦高
有抽菸習慣
的年輕男性

罹患肺炎、
肺結核或
慢性阻塞肺病，
肺部組織脆弱。

可能會

就醫後經過
醫師聽診及
胸部X光檢查

診斷為
氣胸 ＋

突然間感覺到
胸部非常疼痛，
喘不過氣，
呼吸非常困難。

氣胸　　　正常

氣胸就是
肺泡破裂後，
空氣進入肋膜腔。

若沒處理

處理方式

當漏出的空氣愈積愈多，
肺臟開始塌陷。

張力型氣胸

肋膜腔內壓力過高，
將壓迫健側肺部及心臟。
使患者缺氧、休克、死亡。

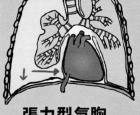

放置胸管

在肋骨間插入胸管，
引出肋膜腔的空氣，
讓肺部重新張開。

醫師會用引流瓶內的
氣泡量及X光片監測。
改善時可拔除胸管。
持續漏氣或多次發作則需開刀。

腦中風

Q 腦中風發病原因

腦中風就是通往腦部的血管被阻塞或破裂出血。無論是梗塞型中風或是出血型中風，都會讓腦部血流突然中斷，腦部細胞會無法獲得氧氣養分因而迅速死亡。

腦中風是非常緊急的狀況，需要身邊的人及時辨認，即刻救援，才有辦法減少腦中風帶來的併發症。

Q 中風會出現哪些症狀或併發症？

通常腦中風是突然發生，會讓人措手不及，搶救腦中風卻是分秒必爭，因此我們必要平時做好準備，記清楚辨識中風的口訣：FAST。英文意思正好是「快速」，把此字分開來，各字母代表著需要觀察的重點：

·F ＝臉（Face）：
觀察患者的臉部表情有沒有不對稱。可以請患者笑一笑，假使有一側的臉垮下來，無法隨著笑容而嘴角上揚，那就可能是中風。

・A＝手臂（Arm）：

請患者兩手平舉，假使有一邊無法施力，或是一側舉起手臂後很快就又向下垂，那就可能是中風。

・S＝言語說話（Speech）：

可以請患者重複說一句你說的話，像是「今天天氣不錯」、「我晚上想出去外面吃飯」之類的簡短對話，看看是否言語模糊不清，或聽來怪異。如果有的話，要懷疑患者中風。

・T＝時間（Time）：

搶救中風是分秒必爭。若患者有了上述 F、A、S 三個症狀時，請帶著患者立即就醫，不要在家中等待看症狀是否緩解。尤其當患者年紀大，有高血壓、糖尿病、抽菸、過去曾中風等疾患時，更要提高警覺。

中風患者會出現哪種症狀，端看出問題的血管與腦部缺氧壞死的區域在哪裡，是負責哪種身體功能。

最常見的症狀就是臉部表情不對稱、手臂無力、言語不清，有些人會一側肢體麻木，或是突然視力模糊看不清楚。部分人會抱怨突然間頭痛，或突然暈眩昏倒。

這些都是值得注意的身體狀況。再提醒一次，若有以上問題，請立即就醫，不要拖延搶救中風的黃金時刻。

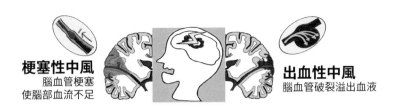

梗塞性中風
腦血管梗塞
使腦部血流不足

出血性中風
腦血管破裂溢出血液

牢記FAST口訣 辨別中風四步驟

臉部表情不對稱

Face

一側**手臂**無力下垂

Arm

說話含糊不清

Speech

有以上症狀**立即就醫**

Time

Q 如何治療中風？

若家屬觀察到患者有中風症狀，要馬上帶至醫院檢查。醫師會先詢問病史並做身體檢查，評估是否有中風可能。接著醫師會安排電腦斷層檢查，確定是否有顱內出血。若為出血性中風，需考慮是否進行手術移除血塊。

若結果顯示沒有顱內出血，臨床表現像是梗塞性中風，而且發生在 3 小時內，就會考慮採用「血栓溶解劑」治療。過去梗塞性中風無藥可醫，血栓溶解劑出現讓中風治療出現一線曙光，也是目前唯一能有效治療中風的藥物。

血栓溶解劑能逐步分解塞在血管內的血塊，讓缺乏血流的腦部逐漸恢復血流。研究顯示，血栓溶解劑能顯著降低中風後的殘障等級，且不會增加死亡率。在注射過程中，患者需要禁食及臥床，並在加護病房嚴格觀察是否有出血現象。

Q 哪些狀況不適合使用血栓溶解劑？

血栓溶解劑雖是目前唯一能治療梗塞性中風的藥物，卻非萬靈丹，治療過程會有潛在風險，因此醫師會慎選適合用此藥物治療的患者。

治療急性梗塞性腦中風
血栓溶解劑

若觀察到中風徵兆，
將患者緊急送醫。

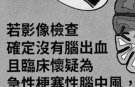

若影像檢查
確定沒有腦出血
且臨床懷疑為
急性梗塞性腦中風，
確定中風時間在三小時以內。

考慮注射
血栓溶解劑

儘早疏通
阻塞的血管
搶救腦組織

血管內有
血塊塞住

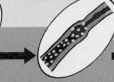

血栓溶解劑
有機會溶解血塊

逐漸恢復
腦部血流

但是若有以下狀況，則無法接受血栓溶解劑治療！

中風
太嚴重

血糖過高
或過低

凝血功能
不佳

中風發作
時間不明

中風時併發癲癇

血壓
太高

有外傷
或剛動手術

請務必了解：血栓溶解劑並非萬靈丹，治療過程隨時可能出現併發症。

若患者中風發作已經超過 3 小時，中風狀況太嚴重，中風時併發癲癇，反覆性中風，有凝血功能障礙，血壓或血糖不穩定，有其他嚴重的內科疾病，中風時併發外傷或剛經歷過手術，都不適合注射血栓溶解劑，因為患者出血的機會太高。

出血性中風起因於腦部血管破裂，血流溢出血管導致血流不足和腦部壓力，需要用開顱手術矯正，不能以血栓溶解劑治療。

小志志醫師的叮嚀

施打血栓溶解劑要符合以下條件：
a. 懷疑急性梗塞性腦中風，中風時間明確在 3 小時內。
b. 腦部電腦斷層沒有看到顱內出血。
c. 年齡在 18 歲到 80 歲之間。

當觀察到家人、朋友可能出現中風症狀時，請不要遲疑，趕緊將患者送到醫院做進一步檢查。不要想等等看症狀是否會緩解，而錯過了 3 小時的黃金救援時間。

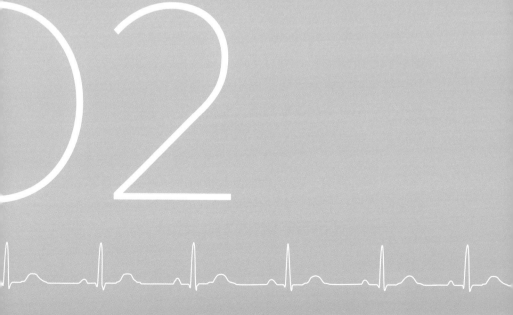

了解慢性病

02

糖尿病

Q 糖尿病的發病原因

血液中的葡萄糖是身體重要的燃料，帶領身體肌肉組織做各種活動，也是推動大腦思考活動的舵手。當我們吃下食物，身體吸收轉化成葡萄糖，血糖因此升高。血糖升高時胰臟會分泌胰島素進入血流，幫助身體細胞利用血液中的葡萄糖，這時血糖的濃度會下降。若過久沒進食，肝臟會分解肝醣以維持適當的血糖濃度。

如果血液裡的葡萄糖濃度持續過高，就是罹患了糖尿病。血糖過高，身體各個組織等於泡在糖水裡，久而久之就會出現大問題。

糖尿病分成兩類，「第一型糖尿病」起因於胰臟細胞受到免疫系統攻擊而受傷，無法分泌胰島素，血糖於是居高不下。免疫系統攻擊胰臟可能是基因與環境共同影響的結果，確切原因還不是非常清楚。

「第二型糖尿病」起因於細胞對胰島素的感受性降低，細胞因而無法利用血糖，這也是目前最常見的糖尿病類型。這類糖尿病患者還有體重過重的問題。

另一個常聽到的糖尿病分類是妊娠糖尿病：孕婦過去並沒有血糖問題，懷孕時血糖卻偏高，起因於胎盤會分泌某些拮抗胰島素的荷爾蒙，身體細胞因而無法利用血糖。大部分的孕婦會在產後恢復正常血糖控制。

Q 糖尿病會有哪些症狀或併發症？

常見症狀：無論第一型或第二型，最常被提起的症狀就是三多：**吃多、喝多、尿多**，雖然不停吃吃喝喝，患者體重卻不增反降。人也會愈來愈疲倦無力，總覺得想睡或有點躁動。假使罹患的是第一型糖尿病，症狀通常會來得又快又猛；第二型糖尿病的患者剛開始的症狀輕微，隨著血糖控制愈來愈差，症狀才會明顯。

若這時仍沒有控制血糖，身體組織繼續泡在糖水中，傷害持續進行。

併發症：最常見的三個糖尿病併發症分別出現在**眼睛、神經、腎臟**。血糖過高會破壞眼球內的視網膜血管，血管澎大並滲漏出少許血液，患者視力逐漸變模糊，甚至有失明的危險。我們體內全身上下布滿了神經，都需要血管供應養分和氧氣，但是血糖過高會破壞神經纖維，讓患者產生麻木感，最常先出現在腳底及指尖。

另外，神經因高血糖受破壞後，無法敏銳地傳遞痛覺訊息，如果患者腳底踩到異物受傷了，或是不小心被燙到，

都可能不知不覺，因而更容易受傷。不幸的是，糖尿病患者容易反覆感染，受傷後傷口不易癒合，因而常常演變成需要截肢。當神經被高血糖漸進破壞，患者會抱怨腸胃不舒服，有可能噁心嘔吐、拉肚子、便祕。男性患者到後來也會有勃起障礙。

通常糖尿病患者最擔心的就是後期進展到**腎衰竭**需要洗腎，為什麼呢？腎臟內負責過濾出尿液的腎小球，其實是一大團的血管，血糖過高就會影響到腎小球的過濾功能，無法排出身體不要的廢物，甚至還會將身體需要的有用物質滲入尿液裡。當腎臟無法過濾血液，腎臟就會衰竭。

除了眼睛、神經、腎臟病變之外，更不能忽略糖尿病也對心血管疾病影響深遠，因為血糖過高就會改變血管型態，患者更容易有動脈硬化、心肌梗塞、中風，甚至死亡。

妊娠型糖尿病造成的問題也不少，當孕婦的血糖過高，血糖會隨著胎盤進入胎兒體內，導致胎兒長太大，有時導致孕婦無法自然生產，需要採用剖腹產。胎兒一出生容易血糖過低。若孕婦沒有控制高血糖，會繼續引發妊娠毒血症，導致胎兒及孕婦死亡。若孕婦及胎兒都存活了，往後罹患第二型糖尿病的機會均比一般人高。

你有糖尿病嗎？

喝很多

吃很多

尿很多

體重莫名減輕

視力模糊

腳麻

傷口難癒合

總是疲倦想睡

Q 如何控制血糖與治療？

就醫檢查：若有吃多、喝多、尿多、體重下降的患者，別忘了就醫檢查是否有糖尿病。假使沒有症狀但年紀已大於 45 歲，也該要定期抽血檢測血糖值。另外，由於體重過重是糖尿病的重要危險因子，身體質量指數（BMI）大於 25 就要注意，即使是年輕人也該抽血檢查血糖。

控制血糖的方法：確診為糖尿病後，最重要的是要調整生活習慣及維持適當體重。可以從飲食及運動下手。吃得更健康：多吃蔬果及全穀類，調整烹調方式，減少油炸，少碰精緻碳水化合物或高脂食物；常做運動：運動增加細胞對胰島素的感受性，幫助細胞利用並降低血糖，一周內最好要做 30 分鐘的運動至少 3 次，並且將步行、跑步、騎腳踏車等運動融入生活中，取代久坐及開車等靜態活動。

改變生活習慣、控制體重之後，有些患者的血糖能恢復到正常狀態不用再服藥，但請務必記得，要持之以恆地保持這些好習慣，並定期回醫院追蹤。

手術治療（針對特定患者）：少數病態型肥胖（身體質量指數大於 35）的患者可以考慮「減肥手術」，外科醫師會切掉部分腸胃道再重建，以減少患者吸收過多營養。部分患者對減肥手術的反應良好，術後能擺脫糖尿病。但要提醒大家，手術並非萬靈丹，減肥手術有一定的風

險，甚至可能會帶來死亡，只適合少數患者。若有疑慮，請務必好好與醫師溝通。

第一型糖尿病患者因胰臟遭受免疫攻擊而受傷，無法分泌胰島素，這時「胰臟移植」是個選項。然而，移植他人的器官到自己體內需要長期使用免疫抑制劑以預防器官排斥，有時反而會帶來更大的問題。考量到手術及術後照護的風險，目前醫師僅會建議對病情嚴重，或同時腎臟衰竭的糖尿病患者考慮做胰臟移植手術。

Q 糖尿病患用藥常識

若患者忌口、減重、多加運動後，血糖仍舊過高，就要開始用藥治療。醫師通常會先開給第二型糖尿病患者口服用藥，糖尿病的藥物分為幾種，有的會刺激胰臟分泌更多胰島素，有的會減少腸胃吸收食物的醣份，有的會增加細胞對胰島素感受性，以利運用胰島素。

治療第一型糖尿病患者需要用針劑的胰島素，或第二型糖尿病以藥物控制血糖不佳的患者也需要用胰島素治療。胰島素不能口服，因為腸胃內分解食物的酵素會分解掉吃進肚裡的胰島素，影響功效。因此胰島素多做成筆型針劑，讓患者在家裡施打。胰島素也分成超短效、短效、中長效、長效等不同類型，患者常常要在早晨與晚上分別施打不同劑量、不同效用的胰島素。要謹慎注意，別搞錯劑量與劑型。

無論用哪種方式控制血糖，居家監測血糖都非常重要！因為血糖變化有時極快，隨著患者的飲食、活動量、情緒壓力等變數而上升下降，因此在家要常量血糖數值記錄，避免藥物過量或不足帶來低血糖等併發症。

糖尿病患者需要持之以恆維持良好的飲食及運動習慣，並控制體重在適當範圍內，要做到並不容易，因此更需要家人與朋友的支持。從居家改變烹調方式，少油少鹽少高醣分，並多呼朋引伴做運動，相約打球、游泳、健走或騎腳踏車等活動取代吃吃喝喝的宴會。若有吸菸習慣或酗酒問題，請尋求專業醫師協助戒菸戒酒。生活型態變得更好，血糖自然會控制下來，甚至也能控制血壓與血脂。

前面曾提過糖尿病患者會有視力、神經、腎臟等問題的併發症，因此平日要特別注意：不要太常使用 3C 產品；好好保護腳，盡量穿著鞋襪不要光腳，免得受傷變成難癒合的傷口；天氣冷想要泡腳或烘腳一定要使用定溫系統。糖尿病患者對痛覺及溫覺較遲鈍，若僅用腳試溫度，可能並不覺得熱，其實已經燙傷皮膚了！小便時要注意有沒有異狀，若常常看到尿液裡有泡泡或尿量減少，就要去求醫。

糖尿病
慢性併發症

正常的
視網膜血管

 視網膜病變

糖尿病患者的視網膜
血管會滲漏、膨大、
長出新生脆弱血管。

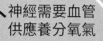
神經需要血管
供應養分氧氣

患者視力變得
模糊，甚至有
失明的可能。

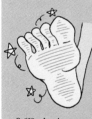
血糖過高
破壞神經纖維

負責過濾的腎小球
是一大團血管

高血糖後血管變化
影響過濾功能。
滲漏出有用物質，
但排不出無用物質。

感覺麻木
且對痛覺
不敏銳

傷口不易癒合

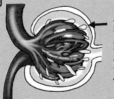

最後可能
需要**截肢**

時間愈久或
血糖控制不好

可能會
腎衰竭

神經病變

 腎臟病變

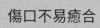

尿路結石

Q 為什麼會有尿路結石？

尿路結石是泌尿系統相當常見的問題，男性發生機會比女性高出許多。當尿液中能結晶的鈣質、草酸鹽、尿酸等物質過多，水分又攝取不足時，便可能出現尿路結石。結石可能出現在腎臟、輸尿管或膀胱。

攝取過多動物性蛋白質、富含草酸的食物、體重過重、破壞鈣離子平衡的代謝疾病，皆可能促使尿路結石產生。具有家族史的人也較容易出現。

Q 尿路結石會有哪些症狀？

尿路結石會讓患者感到腰部鈍痛、脹痛或劇痛，疼痛會往下延伸到鼠蹊部。發作時會伴隨噁心、嘔吐，非常不舒服。由於結石可能讓脆弱的泌尿道黏膜破損流血，因而解出粉紅色或紅色的尿液。

尿急、解尿不順均是常有的症狀。尿路結石也可能併發尿路感染，使患者發燒、畏寒。若結石造成尿路阻塞，腎臟功能會受到影響。

尿路結石

泌尿系統

腎臟

輸尿管

膀胱

尿道

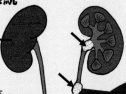

尿路結石的危險因子

若尿液中能結晶的鈣質、草酸、尿酸等物質過多，攝取水分太少，可能會形成**尿路結石**。

水分攝取不足

吃太多動物性蛋白質、高鈉、富草酸的食物。

患有腎臟病或代謝疾病破壞鈣離子平衡

鈣

體重過重

尿路結石的家族史

尿路結石的症狀

解尿疼痛

粉紅或紅色尿液

尿液混濁有臭味

腰側及背部劇烈疼痛

疼痛延伸至鼠蹊部

頻尿

Q 如何治療尿路結石？

懷疑有尿路結石時，醫師會安排 X 光檢查，結石密度較高就能在 X 光片上顯影。必要時醫師會安排特殊放射線檢查、超音波或其他影像檢查來評估尿路結石的程度。

尺寸小於 0.5 公分的結石有很高的機會自行排出，醫師會鼓勵患者多喝水或服用一些讓輸尿管鬆弛的藥物。對於較大的結石，醫師會使用體外震波碎石術將結石震碎，方便結石排出。倘若結石太大、太硬，醫師會用膀胱鏡或輸尿管鏡進入患者體內，將結石擊碎或夾出來。遇上較棘手的結石，便可能需要動手術治療。

很多患者都期待能藉服藥溶化結石，可惜目前世界上沒有這樣的藥物。千萬別輕易嘗試偏方，把自己當實驗品。

Q 尿路結石如何預防？

每天攝取足夠水分是預防尿路結石最好的方法，我們可以觀察尿量，維持每天 2,500 毫升的排尿量，形成尿路結石的機會較低。另外，平時要注意飲食，富含草酸的食物，如巧克力、番薯、豆腐、可樂、咖啡等食物一定要適量。有人主張多喝茶或啤酒可以治療結石，其實這兩者均富含草酸，大量飲用恐怕沒有好處。尿路結石在經過治療後有頗高的復發率，患者必須調整飲食型態並定期回診追蹤。

尿路結石怎麼辦？

 若結石不大，你可以…

補充水份

服用止痛藥

 服用平滑肌鬆弛劑，以利排出結石。

若結石太大，醫師會…

體外震波碎石

用震波震碎結石

結石粉碎後由尿液排出

內視鏡移除結石

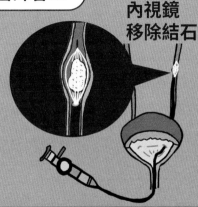

經皮截石

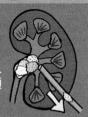

開刀並伸入器械取石頭

避免結石復發，你應該…

 ✔

✗ 巧克力

菠菜

番薯

多喝水，減少攝取富含草酸的食物、鹽分和動物性蛋白質。

消化性潰瘍

消化性潰瘍是胃或十二指腸黏膜的破損。過去大家都直覺認為消化性潰瘍是因為壓力太大、胃酸過多，或是吃了太多辛辣食物，直到 1980 年代，澳洲病理學家沃倫與馬歇爾醫師才在胃潰瘍檢體裡發現幽門螺旋桿菌的存在，並親自喝下幽門螺旋桿菌，證實幽門螺旋桿菌會造成潰瘍，徹底翻轉世人對於潰瘍的認知。

除了幽門螺旋桿菌之外，某些止痛藥也會造成潰瘍，而且抽菸、喝酒皆可能使潰瘍惡化。

Ⓠ 消化性潰瘍會出現哪些症狀？

消化性潰瘍大多會出現上腹疼痛，患者會有燒灼的感覺。另外，部分患者會感到噁心、腹脹、食慾不振。

嚴重的潰瘍會**出血**，少量出血時患者可能沒有感覺，持續一段時間後便會出現貧血、頭暈；出血量較多時，患者會解出瀝青般的黑便或吐出咖啡色的嘔吐物；大量出血時，患者會吐出鮮血。

消化性潰瘍成因與症狀

消化性潰瘍是胃及十二指腸黏膜的潰瘍傷口

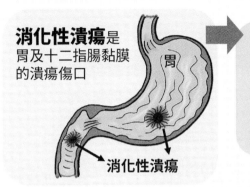

消化性潰瘍

過去認為消化性潰瘍是因為：

辛辣食物　　**壓力太大**

現在證實絕大部分的消化性潰瘍是因為：

感染幽門螺旋桿菌

服用某些止痛藥

抽煙　　　　**喝酒**

讓消化性潰瘍惡化！

當潰瘍傷口受到**胃酸**刺激

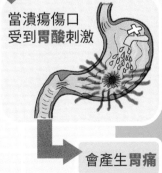

會產生**胃痛**

嚴重消化性潰瘍造成出血或穿孔

另一個致命的併發症是**穿孔**，胃或十二指腸穿孔讓胃酸、消化液直接進入腹腔，引發劇烈疼痛及腹膜炎，若沒有及時接受手術治療，會迅速進展至敗血症並邁向死亡。

Q 如何治療消化性潰瘍？

大家已經曉得幽門螺旋桿菌是造成消化性潰瘍的重要原因，所以會建議患者接受幽門螺旋桿菌呼氣測試，或是直接用胃鏡檢查並做切片。確定診斷後，醫師便能給予治療，一方面用抗生素來清除幽門螺旋桿菌，一方面用藥物抑制胃酸分泌。遵照醫師指示服藥能讓潰瘍癒合，也能降低復發機會。

提醒大家，幽門螺旋桿菌不但會造成潰瘍，還可能致癌。若有潰瘍症狀，一定要及早接受治療。

Q 消化性潰瘍健康注意事項

- 戒菸並控制飲酒量：抽菸及飲酒都容易干擾胃部的自我保護力，讓患者的消化性潰瘍加重，應盡量避免。
- 改變止痛藥：某些止痛藥會造成潰瘍，患者若有其他身體狀況需要規則服用止痛藥，要與醫師好好討論藥物選擇。
- 選擇健康飲食：多吃蔬菜水果等富含維他命的飲食，定時定量，避免暴飲暴食，多採取蒸、煮、燉等易消化的烹調方式。

消化性潰瘍檢查與治療

消化性潰瘍
是胃及十二指腸黏膜的潰瘍傷口

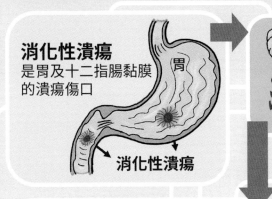

胃

消化性潰瘍

若懷疑患有消化性潰瘍，醫師可能會建議以下檢查。

胃鏡 檢查
自喉嚨伸進帶鏡頭的軟管，檢視食道、胃及十二指腸的內層黏膜

幽門螺旋桿菌
呼氣測試

喝下含有放射性碳的飲料

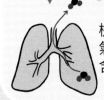

檢測呼出氣體是否含放射性

若確定罹有消化性潰瘍

需要接受藥物治療

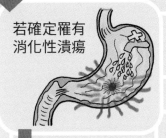

抑制胃酸分泌的藥物

消滅幽門螺旋桿菌的抗生素

痛風

Q 痛風的成因

要談痛風，首先要先了解什麼是尿酸。身體所有組織內都含有一種物質叫「嘌呤」，或稱為「普林」，而身體細胞會新陳代謝以汰舊換新，普林被分解之後就會產生尿酸。另外，部分食物含有較多普林，例如動物的內臟、紅肉、海鮮，就是高普林食物。

正常狀況下，尿酸會在血液內分解，經過腎臟及腸胃道，以尿液與糞便的形式排出體外。然而若攝取過多高普林食物、身體新陳代謝增加而尿酸累積變多，或是腎功能變差排不出尿酸時，尿酸就會在血液內不斷累積。

當體內血液尿酸含量過高，會形成細長尖銳，像細針般的尿酸鹽結晶聚積在關節腔內，關節因此發炎腫脹，這就是痛風。

Q 痛風會出現哪些症狀？

男性罹患痛風的機率較女性高，好發年齡大約介在 30 歲至 50 歲之間，女性則較容易在停經後罹患痛風。許多人

第一次痛風是在半夜或清晨時發生，在睡夢中意外因關節大痛而驚醒，關節毫無預警變得又紅又腫又熱又痛，簡直像是著火了一般，症狀多要過了半天後才會逐漸消褪。最常發作的關節是大腳趾，讓患者無法走路。

痛風也可能發在腳踝、膝蓋、手腕等處。症狀消褪幾天後可能又會再發作。痛風反覆發作時，累積的尿酸鹽結晶會破壞並侵蝕關節。

Q 痛風會有哪些併發症？

除了關節疼痛外，痛風還可能導致腎臟病變。尿酸鹽結晶若沉積在腎小管或間質組織會破壞腎臟功能，漸漸演變成腎臟衰竭，需要仰賴血液透析。尿酸過高也容易造成尿路結石，引發疼痛、阻塞、感染等問題。

尿酸鹽結晶沉積於冠狀動脈時，將導致動脈硬化，增加心絞痛、心肌梗塞、心臟衰竭的機會。此外，中風的風險也比較高。

由於痛風患者經常合併有高血壓、高血脂、糖尿病，對身體各方面皆有很大的影響。大家千萬不要小看痛風！

Q 如何治療痛風？

醫師能從病史及症狀判斷患者是否罹患痛風，假使仍有疑慮，可以抽關節液檢查是否有尿酸鹽結晶。醫師有時

痛風富貴帝王病

  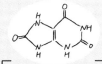

與

造成

[攝取含普林（嘌呤）食物] [細胞新陳代謝]

[體內尿酸累積]

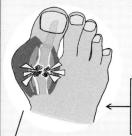

形成尿酸結晶
堆積於關節腔

若沒排出

尿酸由腎臟及
腸胃道排出體外

[關節紅腫發炎疼痛，是謂**痛風**。]

三招告別痛風！　　　　痛風怎麼來的？

限制攝取高普林食物，
例如海鮮、紅肉、內臟。

限制攝取酒精及含糖飲料，
要多喝白開水。

減重

也會請患者抽血檢查尿酸，然而臨床上有些人血中尿酸一向很高，卻沒有痛風症狀；也有些患者血中尿酸值並未超標，卻常有痛風症狀，因此要提醒大家，血中尿酸數值僅能輔助診斷，並非診斷依歸。

痛風發作後，醫師會先開藥止痛並減少關節發炎，主要以非類固醇消炎止痛藥為主，以較高劑量緩解症狀後，再用低劑量預防往後痛風發作。

在服用非類固醇消炎止痛藥期間，務必注意有沒有胃痛或解黑便等症狀，部分患者會因為此藥而引發消化道潰瘍出血。

急性痛風發作 12 小時內服用秋水仙素也是有用的治療方式，對許多患者效用極佳，可是有時會帶來噁心嘔吐及拉肚子等副作用，讓患者很難繼續服用。此外，類固醇在痛風急性發作時也是個有效的治療選項，能有效減輕發炎反應。至於要如何從這三種藥物中做選擇及配合，則要視患者症狀和能承受的藥物副作用來決定。

若患者一年內多次痛風發作，醫師會建議患者用藥減少體內尿酸形成，或加速腎臟排出尿酸。然而，此兩類藥物副作用不少，有時甚至會引發嚴重的過敏反應，使用前需謹慎與醫師討論利弊。

Q 如何預防痛風？

預防痛風可以從減少血液中的尿酸堆積做起。首先患者需要控制飲食，減少紅肉、內臟、海鮮等高普林食物的攝取量，並節制酒精攝取量，尤其要提醒大家，喝啤酒非常容易誘發痛風，若已有痛風病史，請盡量避免喝啤酒。

接下來就要記得控制體重，體重愈重的人，身體有愈多細胞代謝，會生產出愈多尿酸，讓腎臟負擔更重。適當減重能減少痛風發作機會。有人稱痛風為「富貴帝王病」，因為過去營養不充足，只有富貴人家才能喝酒、吃大魚大肉、體重過重，才有罹患痛風的「權利」。

少部分藥物如利尿劑、阿斯匹靈，或是移植手術後使用的免疫抑制劑等，有機會誘發痛發，若患者曾經痛風發作又需要服用這些藥物，要記得告訴醫師，醫師會視情況調整用藥。

痛風發作時會讓患者極不舒服，但能透過健康生活習慣而有效避免。無論身為患者或家屬，都要好好了解痛風發作原因，並養成良好飲食習慣，才能遠離痛風。

肝硬化

Q 為什麼會肝硬化？

肝硬化是極常見的本土病，也讓「肝若不好，人生是黑白的」這句話深植人心。這篇就讓我們來好好了解肝硬化的各種面貌。

肝臟的表面原本很平滑，但肝細胞若被病毒、酒精、藥物等因素破壞死亡，身體便需要修復。修復之後，疤痕組織就出現了。當肝臟裡卡了許多疤痕組織，會使肝臟變硬變形，無法發揮肝臟的正常功能，就稱為「肝硬化」。

肝硬化是漸進不可逆的，只能靠早期發現，及早阻止肝臟繼續受傷並修復肝臟，才能減少傷害，避免病情加劇。台灣最常見引發肝硬化的原因是感染 B 型肝炎及 C 型肝炎，飲酒過量造成的酒精型肝炎也不少。另外藥物、代謝異常、膽道阻塞、寄生蟲感染也會造成肝硬化。

Q 肝硬化會出現哪些症狀或併發症？

想要知道肝硬化會造成什麼症狀，首先要知道肝臟在體

肝臟的功能

分泌膽汁
乳化脂肪
並將膽紅素
排出體外

轉化醣類
貯存葡萄糖成為肝醣
或分解肝醣成葡萄糖

製造
凝血因子
及合成
許多蛋白質

肝臟負責
代謝蛋白質
等各種物質
及毒素

貯存
許多物質
銅、鐵、維生素等

內的功用。

肝臟能分泌膽汁，並將膽汁送到膽囊貯存。我們吃進脂肪類食物時，膽汁會流進腸胃道幫助乳化脂肪，並將膽紅素排出體外。肝臟能製造多種凝血因子及合成蛋白質，還能轉化醣類，把體內貯存的葡萄糖轉化成肝醣，或分解肝醣成葡萄糖。我們體內的蛋白質與毒素都需要負責代謝的肝臟處理，肝臟還能貯存銅、鐵及多種維生素。

由於肝臟負責太多事務，一旦受傷會影響許多生理功能。

肝硬化的症狀包括容易出血、容易瘀青、黃疸、皮膚癢、容易噁心想吐、體重減輕、男性女乳、睪丸萎縮、皮膚長出蜘蛛痣及手掌紅斑等，幾乎是族繁不及備載。

不僅如此，肝臟受損結痂硬化後，通往肝臟的血流受阻，壓力增高，我們稱為門脈高壓，久而久之患者肚子積腹水，下肢水腫，脾臟也會腫大，產生痔瘡。

當肝臟不再正常代謝毒素，毒素會累積在體內，導致肝性腦病變，患者開始意識改變，說話不清楚，甚至會逐漸昏迷不醒。

最後，無論引發肝硬化的原因為何，一再受傷修復的硬化肝臟都可能會長出肝癌。

Q 如何治療肝硬化？

醫師若懷疑患者有肝硬化會安排以下檢查：首先是抽血，除了檢查肝腎功能及凝血時間外，還要抽血檢驗患者是否罹患 B 型肝炎或 C 型肝炎。

接著醫師會安排腹部超音波，檢查肝臟是粗糙還是光滑，有沒有脂肪肝，有無腹水或腫瘤。若有判讀上的需要，則需抽取部分肝臟組織化驗。

臨床上最常用的肝硬化分級指標有 5 個，包括膽紅素、白蛋白、凝血時間、腹水、肝腦病變。醫師計算患者於這 5 項指標的整體積分後，就能知道患者肝硬化的嚴重程度為 A 級、B 級，或最嚴重的 C 級。

醫學上無法直接治療肝硬化，也就是說，醫師沒有方法能讓已經疤痕累累的肝臟變回光滑樣貌。因此目前我們談的肝硬化治療，是指治療「造成肝硬化的病因」或是治療「肝硬化的併發症」。

最常引發台灣人得肝硬化的原因是 B 型肝炎和 C 型肝炎，預防及治療這兩種肝炎非常重要，我們會於 B 肝和 C 肝的章節內詳細介紹。

若肝硬化已帶來併發症，則需要利尿劑降低腹水，並用血壓藥控制門脈高壓。用瀉劑減少體內毒素堆積，避免

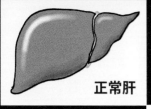

正常肝

肝硬化
的黑白人生

肝硬化

肝臟受損
↓
修復結疤
↓
變硬變形
↓
肝硬化
無法發揮正常肝功能

蜘蛛痣

黃疸

腹水

體重減輕

疲倦憔悴

搔癢

下肢水腫

容易出血

意識模糊
言語不清

男性女乳

噁心嘔吐

手掌紅斑

肝臟受損會讓許多生理功能失調且難以復原，
大家千萬要小心肝喔！

肝性腦病變。醫師通常會建議肝硬化患者施打流感、肺炎鏈球菌、A肝等疫苗，以減少感染機會。膽道阻塞造成的肝硬化可考慮用手術疏通或重接膽道，但目前醫學對許多代謝疾病仍是束手無策。

若已進展到幾乎喪失所有肝臟功能，肝臟移植是活命的唯一選擇。肝臟來源可以是親屬的活體捐贈，或是等待屍肝捐贈。移植後，患者仍有感染及組織排斥等風險，需長期服用藥物避免感染及組織排斥。另外，若原本就罹患B肝、C肝，換肝後新的肝臟仍有機會遭受病毒攻擊，繼續喝酒也會導致新肝臟受損。由於器官取得不易，移植手術工程浩大，術後照護很耗精力，醫院會審慎評估患者狀況決定要不要手術。

Ｑ 肝臟健康注意事項

肺部功能受損，醫師能替患者接上人工呼吸器。心肺功能受損，有葉克膜等輔助系統支持。腎臟受損，患者能用洗腎延命。但是肝臟負責的生理功能太多樣化，目前醫學還未發展出任何成熟替代品能夠接替肝臟工作。大家一定要「小心肝」。

當患者罹有肝硬化，務必養成良好的生活習慣。戒酒是首要及必要條件，酗酒的患者要找醫師治療生理及心理的酒精成癮。飲食中要注意鹽分不能過多，否則身體容易積水；避免生食海鮮或處理海鮮，這都會大大提高肝

硬化患者感染的機會。減輕體重、多運動能幫忙脂肪肝患者避免肝硬化。

依據醫師建議施打各式疫苗可以避免嚴重感染，不要自己亂吃成藥，生活規律不熬夜，養成良好的排便習慣，避免便秘累積體內毒素而引發肝昏迷。

最後建議肝硬化患者必定要養成良好的回診習慣。每3個月回診接受抽血，監測肝臟功能及胎兒蛋白數值，並依醫師指示固定做腹部超音波檢查。有正確的疾病認知，才能避免更深的傷害。

小志志醫師的叮嚀

肝臟負責許多功能，一旦受了傷，許多生理功能會受到影響，而且疤痕累累的肝臟會永遠變不回光滑樣貌。肝硬化只能靠早期發現，及早阻止肝臟繼續受傷並修復肝臟，才能避免病情加劇。大家一定要「小心肝」！

退化性膝關節炎

Q 為什麼會有退化性膝關節炎？

退化性關節炎是最常見的關節發炎類型，而且可以發於全身任何關節，最常見於雙膝關節，另外脊椎、手部、臀部關節也容易出現關節炎。

關節發炎的癥結出在軟骨。兩塊硬骨頭交界部分會附上一層薄薄的關節軟骨，像是一層有緩衝作用的墊子，吸收骨頭磨擦衝撞時產生的耗損。然而隨著年紀變大，關節潤滑液變少，關節軟骨會受到傷害及磨損，表面不再光滑，變得粗糙，患者因而感到關節疼痛腫脹，這就是退化性關節炎。

由於退化性膝關節炎與年齡老化與關節使用過久有很直接的關係，凡是年紀大了幾乎很難避免。根據統計，50歲左右的人約有 3 成患有退化性膝關節炎；年紀超過 70歲，則有 7 成的人罹患。另外，女性、肥胖、膝蓋曾受傷、經常搬重物、造成膝蓋負擔的族群較容易罹患退化性膝關節炎。雖然我們無法完全避免退化性膝關節炎發生，但透過認識及保護膝關節，還是能夠減緩症狀發生的時間點及嚴重程度。

Q 退化性膝關節炎的症狀

退化性關節炎的症狀不是突然出現，而是經年累月慢慢累積形成。剛開始關節附近會痠痛與肌肉變緊，活動時會疼痛，輕壓關節附近也會痛，接著，剛起床時會覺得關節活動很不靈敏，膝蓋愈來愈疼痛與腫脹，活動時甚至會感到無力可施，蹲不下去站不起來。時間愈久，膝關節變得極度僵硬無法活動，患者會無法行走，需要以手術矯正。

Q 如何治療退化性膝關節炎？

若因膝關節腫脹疼痛就醫，醫師會評估膝關節紅腫的程度及活動度，就腫脹程度決定是否要抽取關節液，也就是拿針戳進關節腔，吸出關節內的液體，檢驗是否有痛風、感染等其他關節毛病。接下來，患者要接受 X 光等影像檢查。

雖然我們無法從 X 光片內直接看到軟骨的樣貌，但 X 光能顯現出目前大腿骨及小腿骨間的關節空間是否縮小、有沒有長骨刺等狀況。若要看到軟骨及關節腔的問題，則需要用核磁共振檢查結果評估，但因此檢查昂貴，目前僅適用於複雜案例。

蹲不下去站不起來 膝關節退化

膝關節如何退化

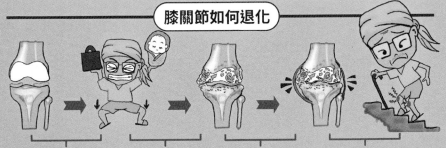

長期負重 → 軟骨嚴重磨損 → 關節變形發炎 → 疼痛、紅腫、活動受限

如何保養膝關節，延長關節使用年限

維持適當體重 BMI<25

控制體重

走路、游泳、騎腳踏車

鍛鍊肌力

但**年齡**還是個主要問題

五十歲的族群裡，約有**三成**罹患退化性關節炎。

超過七十歲的族群裡，則有**七成**罹患退化性關節炎。

如何治療退化性膝關節炎

止痛藥
可選擇較不傷胃的消炎藥

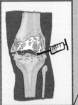

關節注射
類固醇能有效短期緩解疼痛

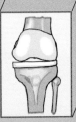

手術
病情嚴重時需置換人工關節

提醒大家，補充葡萄糖胺及軟骨素無法改善或治療退化性關節炎喔！

除了藥物外，最重要的治療方法是運動和維持適當體重。患者會誤以為運動容易耗損膝關節而完全不敢動，這種想法並不正確。適當的訓練能增加大腿肌肉的力量，肌力提升後，膝關節的穩定度和活動度會變好，關節協調與平衡能力也會變佳，疼痛感降低，膝蓋較不易受傷。

一旦控制了體重，膝蓋需承受的力量降低後，受傷及磨損的速度也會變慢。

當口服藥物及保守療法無法幫助患者時，醫師能在患者受傷的膝關節注射類固醇、玻尿酸等藥物，以減少關節發炎或潤滑關節。

最後的治療手段是置換人工膝關節：消除磨損大腿側和小腿側的軟骨及部分硬骨後，裝置上人工膝關節。術後要注意感染及出血問題，人工關節也會隨著時間磨損或鬆脫，若突然感到膝蓋大痛，就要回診請醫師檢查。

Q 退化性膝關節炎的藥物治療

目前退化性關節炎沒有治癒方法，但能靠著一些藥物減緩病情。最常派上用場的是止痛藥，有些純粹止痛，有些除了止痛外還能減少關節發炎，但會帶來胃潰瘍等副作用，因此需要由醫師開立處方後再使用，千萬不要自己在藥局隨意買藥亂吃。

國人把「葡萄糖胺」或「軟骨素」等當成孝親聖品，但根據實驗，補充這兩種藥物無法改善或治療退化性關節炎。

Q 如何預防退化性膝關節炎？

預防仍要從適當運動及控制體重於適當範圍兩方面著手。走路、騎腳踏車、游泳等運動能強健大腿肌肉，請定時定量並持之以恆地保持良好運動習慣。若運動後覺得膝蓋反而更痛，可能是運動量或方式不恰當，可以向醫師或專業運動教練請教如何選擇適合自身狀況的運動方式。假使有減重的困難，可以至家醫科的減肥門診諮詢。

狹心症

Q 冠狀動脈疾病發病的原因

冠狀動脈是負責輸送血液及氧氣到心臟，假使冠狀動脈受損、阻塞，心臟無法獲得足夠的血液及氧氣，因而失去功能，患者就有生命危險。

塞住冠狀動脈的是什麼東西呢？答案是「粥狀斑塊」，一種膽固醇沉積物。健康的血管原本是具有彈性的，但粥狀斑塊會逐漸堆積在受破壞的血管內壁，並引來凝血因子附著和發炎反應，血管變得狹窄又沒彈性，供應到心臟的血流就減少了。

假使患者正在運動、大吃大喝、情緒起伏大、身處的環境太冷，心臟的工作量增加，冠狀動脈卻因阻塞而血流不足，患者的心肌會因此缺氧。

我們口語中說的「狹心症」，狹窄的地方並不是心臟本身，而是供應心臟的血管冠狀動脈出現了狹窄病變。

狹心症
阻塞的冠狀動脈

正常的冠狀動脈　　**阻塞**的冠狀動脈

血管切面

血管壁　←　　　　→　粥狀斑塊

冠狀動脈

是輸送血液及氧氣
到心臟的血管

**哪些人
容易出現
冠狀動脈阻塞**

斑塊堆積使
供應心臟的
血流減少，
心肌缺氧會
引發胸痛。

抽菸

肥胖

年紀大

良好的
生活習慣
有助於降低
罹患狹心症
的機會

高血壓

高血糖

若已出現
胸痛等警訊
務必要
盡快就醫

缺乏運動

壓力大

Q 哪些人容易冠狀動脈阻塞？

‧ **抽菸：**不管是自己抽菸或吸入二手菸，都會大幅提高心血管疾病的機會。

‧ **年紀大：**年紀愈大，血管受損狹窄的機會愈大。

‧ **男性：**男性比女性有更高的罹患機率，但女性在停經後，罹患的機會就會上升。

‧ **高血壓：**血壓上升會造成血管變硬減少彈性，血流因而受阻。

‧ **高膽固醇：**會增加血管內形成粥狀斑塊的機會。

‧ **肥胖、缺乏運動、壓力大等**其他原因也會讓前述幾項危險因子惡化，因而增加冠狀動脈阻塞的機會。

Q 冠狀動脈阻塞會出現哪些症狀或併發症？

當血液及氧氣難以進入心臟，心肌缺氧會造成患者不適。心臟跳動愈快，需要血流量及氧氣就愈大，患者的不舒服感會加劇。

最常見的症狀是胸痛。患者在情緒起伏過大或在運動出力時，突然感覺胸口像被千斤重物壓住，或整個胸口像

你該知道的 心臟病發警訊！

被鎖鏈緊擠壓縮，讓人動彈不得。女性患者有時會抱怨有尖銳感的胸痛，痛楚甚至會延伸到脖子、下巴、肩膀、手臂、背部。也有人描述這種不適類似消化不良或噁心嘔吐的感覺。

另一個常見症狀是喘不過氣。因為缺乏血液氧氣的心臟無法供給身體所需，患者會感到呼吸困難。狂冒冷汗、頭暈目眩、虛弱無力也很常見。

此時患者若繼續情緒激動或繼續運動，不適的症狀會愈來愈嚴重。若停下休息讓情緒平穩，痛楚就有機會消失。

Ｑ 如何治療冠狀動脈阻塞？

若有胸痛胸悶、呼吸不順等症狀，請務必就醫。醫師會評估患者的年紀、病史、臨床狀況及危險因子，若有罹患冠狀動脈疾病的跡象，醫師會檢測患者的心電圖。若心電圖起伏波形顯示心臟肌肉已經因為無法獲得足夠氧氣而壞死，就是心肌梗塞，這時患者要做心導管檢查。

在心導管室內，醫師會在患者的手臂或大腿處穿刺血管，送導管到心臟，並注射顯影劑，我們稱此為血管攝影，目的是要找到冠狀動脈有幾處阻塞和阻塞面積大小，若阻塞範圍較大，需要用氣球擴張或支架手術治療。

施行氣球擴張術時，醫師會將導管放進冠狀動脈阻塞處，

搶救心臟

（心臟支架手術）

患者突然感到胸悶胸痛

心電圖顯示異常

可能是心肌梗塞供應心臟的冠狀動脈阻塞，心肌無法獲得氧氣而壞死。

患者會被送到心導管室

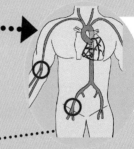

從手或腿穿刺血管

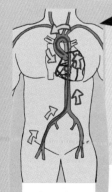

伸入導管至心臟血管打顯影劑檢查

找到血管狹窄病變處

通過導管

用支架或氣球擴張狹窄血管暢通血流

撐開氣球，使氣球壓迫血管壁上的粥狀斑塊。當粥狀斑塊被壓扁一些，冠狀動脈的血流就增多了。

支架手術的做法類似氣球擴張術，也是先將導管送進阻塞處後張開支架。差別在於，氣球擴張是暫時的，若選擇支架，支架會留在冠狀動脈內，有的支架還能持續釋放藥物減少粥狀斑塊聚集。無論哪種治療法都能打通阻塞，增加冠狀動脈血流，減少心肌壞死。

若阻塞程度太嚴重，或是血管有多處阻塞，醫師會考慮冠狀動脈繞道手術。醫師會先取下患者身體他處的血管，嫁接在阻塞部位遠端的血管，就像是替損壞擁擠的高速公路另闢一段外環道路一樣，讓心臟肌肉能獲得充足的血液供應。

Ｑ 冠狀動脈疾病健康注意事項

要治療冠狀動脈疾病得從日常生活做起。首要任務是戒菸，若有困難，可考慮前往戒菸門診諮詢。選擇健康、低糖、低鹽、少油的食物，減少生活壓力，維持適當體重，並養成良好的運動習慣。

患者要依照醫師指示服用藥物，控制與冠狀動脈疾病有關的危險因子，像是降低膽固醇、降低血壓、減緩心跳、調節血糖等用藥。阿斯匹靈能減少血液凝固，減少粥狀斑塊聚集擴大，也有助於預防冠狀動脈阻塞。

小志志醫師的叮嚀

無論氣球擴張術、支架手術、冠狀動脈繞道手術，都是靠打通障礙或建立新交通來使心臟獲得足夠血液。患者仍需要在術後調整生活方式，認真控制血壓、血糖、血脂，否則冠狀動脈疾病很快就會捲土重來。

03

癌症關鍵數字

Q 癌症成為主要死亡原因

醫學在近一個多世紀以來有極大轉變，由於麻醉、手術、藥物、抗生素、疫苗、無菌技術、公共衛生的進步，人類終於有能力克服許多疾病，也讓死亡原因出現大翻轉。

在過去，人類很容易死於外傷、感染，而當闌尾炎、膽囊炎、疝氣、糖尿病等疾病發作時，患者大概都是死路一條，平均壽命大多只有 30 多歲。

如今許多疾病可以預防、治療或控制，人類平均壽命大幅延長，許多國家的平均壽命都已達到 70、80 歲。壽命愈長，細胞出現病變然後演變成癌症的機會愈高。最近 30 多年，癌症都是台灣 10 大死因的榜首。

Q 台灣的癌症關鍵資料與數字

- 女性發生率最高的癌症是乳癌，不過因為乳癌的治療效果還不錯，所以死亡率排在第 4 位。

- 子宮頸癌曾經是發生率最高的癌症，台灣於 1995 年

台灣男性癌症關鍵數字

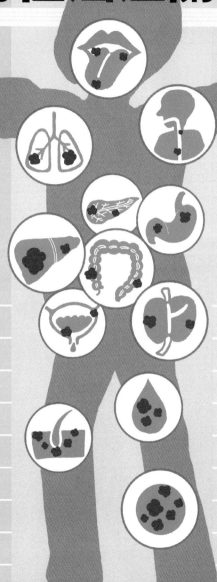

每年有超過
五萬名
台灣男性
被診斷癌症

每年有超過
兩萬七千名
台灣男性
死於癌症

**發生率
前十大**

**死亡率
前十大**

1.大腸直腸癌

2.肝癌

3.肺癌

4.口腔癌

5.攝護腺癌

6.食道癌

7.胃癌

8.皮膚癌

9.膀胱癌

10.淋巴瘤

1.肺癌

2.肝癌

3.大腸直腸癌

4.口腔癌

5.食道癌

6.胃癌

7.攝護腺癌

8.胰臟癌

9.淋巴瘤

10.膀胱癌

台灣女性癌症關鍵數字

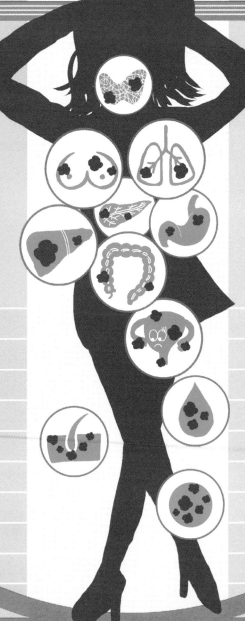

每年有超過
四萬名
台灣女性
被診斷癌症

每年有超過
一萬六千名
台灣女性
死於癌症

發生率前十大

1. 乳癌
2. 大腸直腸癌
3. 肺癌
4. 肝癌
5. 甲狀腺癌
6. 子宮體癌
7. 子宮頸癌
8. 皮膚癌
9. 卵巢癌
10. 胃癌

死亡率前十大

1. 肺癌
2. 肝癌
3. 大腸直腸癌
4. 乳癌
5. 胰臟癌
6. 胃癌
7. 子宮頸癌
8. 卵巢癌
9. 淋巴瘤
10. 白血病

開始推動子宮頸抹片篩檢，順利找出許多癌前病變，並加以治療，使子宮頸癌發生率大幅下降。

· 近年來大腸直腸癌的發生率愈來愈高，目前已是男性發生率第 1 名、女性發生率第 2 名的癌症。若能定期接受檢查，提早偵測大腸息肉並摘除，便能避免演變成大腸癌。

· 肝癌曾經是台灣發生率第 1 名的癌症，許多患者都與 B 型肝炎、C 型肝炎有關。

· 從 1984 年開始，台灣新生兒全面接種 B 型肝炎疫苗，有效控制了 B 型肝炎感染率，未來因為感染 B 肝而演變成肝癌的患者將大幅減少。

· C 型肝炎目前仍未研發出疫苗，但是 C 肝治療藥物已有相當的進步，若能接受治療根除 C 型肝炎病毒，也可使肝癌發生率進一步下降。

· 不分男女，肺癌皆是死亡率第 1 名的癌症。主要是因為早期肺癌幾乎沒有症狀，當患者感到不適而就醫時，往往已經進展到疾病晚期，治療效果很差。除了戒菸外，改善居家或大環境的空氣品質都非常重要。

· 口腔癌與食道癌均是男性的主要癌症，這兩種癌症與抽菸、喝酒、吃檳榔有強烈關聯，想要預防口腔癌、

食道癌，最好的方法就是遠離菸、酒、檳榔。

・皮膚癌亦是台灣主要癌症之一，大家外出時務必做好
防曬，避免曝曬過多紫外線導致細胞病變。長袖、長
褲、帽子的防曬效果會比防曬乳液更持久，也更有效。
平時要多留意身上的痣或斑點，若呈現不對稱形狀、
邊緣不規則、顏色不均勻、持續變大隆起，便要盡快
就醫。

癌症是人類壽命延長之後必然伴隨的問題，不過有許多
研究認為，維持健康生活型態、多運動能夠降低罹患多
種癌症的風險，再搭配定期檢查，早期發現，早期治療，
才是防範癌症的最佳方法。

乳癌

Q 為什麼會得乳癌？

胸前雙峰常是女性身體最亮眼之處，但也為女性增添了不少煩惱。根據衛生福利部統計，目前台灣女性乳癌發生率雖然還不及歐美國家，但仍舊是逐年增加，更是最好發的女性癌症第 1 名。

致病原因：當乳房細胞受到刺激而開始變性，就會聚集形成腫瘤。至於是哪些原因刺激了乳房細胞變性？荷爾蒙、生活習慣、環境及基因因素都有機會。

若女性初經小於 12 歲，或超過 55 歲才停經，或停經後使用荷爾蒙補充劑，代表受女性荷爾蒙變動刺激的時間較長，就會比較容易罹患乳癌。同樣的，假使女性從未生育，或是到了 35 歲以後才生育，受到女性荷爾蒙變動刺激的時間也會變長，也較容易罹患乳癌。

好發族群：醫護、警消、製造、媒體等行業的從業人員生活作息較不規律，因職業需要時常日夜顛倒，破壞體內褪黑激素的分泌節奏，這也是一種重要的賀爾蒙。目前已有研究顯示，值晚班的護士比非夜班的護士罹患乳

癌的風險高，甚至在部分歐洲國家已將需輪班人員罹患乳癌列入職災範疇，女性選擇職業時不得不慎。女性空服員罹患乳癌的機率也較高，與長期暴露於宇宙輻射中有關。因此女性在平日生活中要注意，盡量避免不必要的輻射。生活習慣方面，體重過重及常喝酒會提高罹患乳癌的機率。

提到乳癌，或許大家最擔心的是家族史，但其實每年新發現的乳癌患者裡僅有不到一成的人有乳癌家族史，比例並不高。假使媽媽、阿姨、外婆等親屬有多人罹患乳癌，或是這些親屬在 40 歲前就被診斷乳癌，那確實要小心家族是否帶有「乳癌基因」。可以就診詢問醫師是否有抽血驗乳癌基因的需要。著名好萊塢影星安潔莉娜裘莉就是因為母親罹患乳癌而死，驗血後發現自己帶有乳癌基因，罹患乳癌的機率大約 8 成，非常高，因此做了預防性雙乳切除及重建手術。

Q 罹患乳癌會出現哪些症狀？

最常見的症狀就是觸摸到乳房有硬塊。另外，乳頭若流出透明、血色等與乳汁不同的分泌物，也有機會是乳癌造成的。

女性每個月至少要做一次乳房自我檢查，觀察重點第一項就是觸摸兩側乳房與腋下有無硬塊；第二步驟是擠壓乳頭，看看是否有分泌物；第三步驟為檢察皮膚狀況，

乳癌

乳房組織裡有「乳小葉」和「乳管」

大部分的乳癌是發生於乳管的「乳管癌」

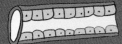

這是正常乳管上皮細胞

癌化細胞會穿破乳管向外擴散

乳小葉

乳管

哪些人容易罹患乳癌？

停經後肥胖

乳癌家族史

例如

月經週期次數多，乳房長期接受雌激素刺激。

月經週期

初經小於12歲或大於55歲還未停經

高齡懷孕

NO

不曾懷孕

看看乳頭是否凹陷、皮膚有無陷下，或乳暈周圍是否發紅或有脫屑等新問題。假使檢查有出現與過去不同的異狀，千萬別遲疑，請務必就診請醫師評估。

Q 如何處理與就醫？

除了定期自我檢查之外，目前健保政策針對 45 歲到 69 歲非高風險女性提供兩年一次的乳房攝影定期篩檢，有助於早期發現異常鈣化點和摸不到的腫瘤。乳房攝影就是幫乳房拍 X 光，分別是上下夾照一張、左右斜夾照一張，這種檢查會讓身體暴露在輻射線下，比較不適合「年輕」的乳房。

年輕女性的乳房多乳腺、較緻密，醫師從 X 光片難以判讀其檢查是否正常，因此常需要乳房超音波的輔助。台灣乳房超音波協會建議女性從 30 歲起固定每年做一次乳房超音波檢查。乳房超音波是非侵襲性的檢查，沒有輻射疑慮，過程並不會造成疼痛。

藉由高頻率探頭發射的超音波檢查雙側乳房和腋下，評估乳房中是否藏有腫塊，對人體沒有傷害與副作用，即便是懷孕或青春期女性都能檢查，是年輕女性對乳房有疑慮時的檢查第一首選。

若意外發現乳房有硬塊，請先不要驚慌，直接求診詢問醫師意見。通常醫師會安排乳房超音波檢查硬塊性質，若為良性乳房腫瘤則每年定期回診追蹤即可。

如何檢查乳房？

自我檢查

1.觸摸乳房及腋下有無硬塊

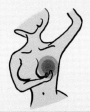

2.乳頭流出或擠出分泌物

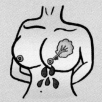

3.乳頭乳暈或
　乳房皮膚
　有無異常

皮膚凹陷　　有硬痂或鱗片　發紅發熱類似橘皮

超音波檢查

用超音波偵測
乳房內部
追蹤乳房腫瘤
大小及變化

乳房攝影

針對乳房照X光
能偵測細小乳房
微鈣化點

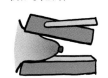

上下壓一次　　　內外斜斜壓一次

若腫瘤長得太快、形狀多變或血流太強，醫師會建議 3 個月內回診追蹤，或是建議以切片方式取出部分腫瘤，於顯微鏡下檢驗是否含有惡性細胞。

治療方法：確診為乳癌之後，需要先以手術切除乳房治療。手術方法多元，醫師會依患者身體狀況及腫瘤大小等條件評估適合的手術方式。

等手術完確定乳癌期別後，才能確定是否需要荷爾蒙治療或化學治療等後續輔助治療方式，也會依照檢體特性選擇適合的標靶治療。只要早期發現乳癌並接受手術及後續治療，預後通常不錯，存活 10 年以上的患者占了 9 成以上。

少數患者被診斷乳癌時腫瘤過大，不適合直接手術治療，則需要先接受化學治療後再用手術切除。

ⓠ 乳房健康注意事項

身為女性，一定要記得經常注意並照顧自己的乳房。有許多沒有上述危險因子的女性仍然罹患了乳癌。也就是說，身為女性，就有罹患乳癌的風險。年紀超過 30 歲以上就需要定期就醫接受乳房檢查，並每個月做自我檢查，萬一摸到有異狀，更要趕快找醫師評估。規律作息、規律運動、維持適當體重及減少額外補充荷爾蒙，有助於降低罹患乳癌的機率，若有喝酒習慣則切記別過量。

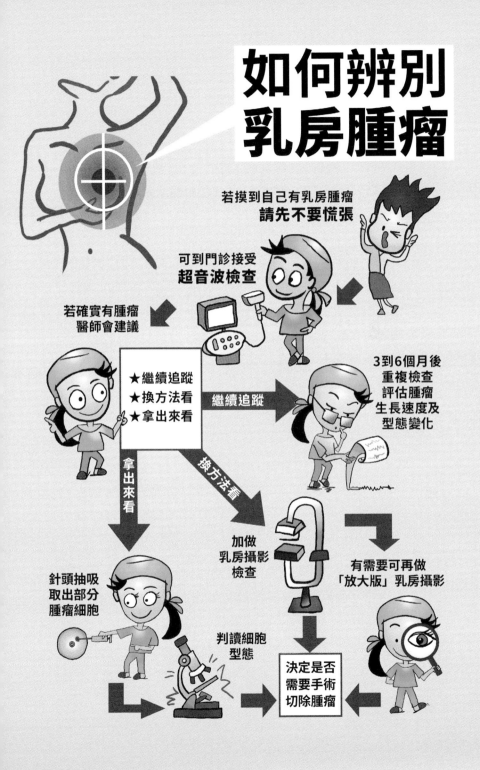

有些人以為年紀大才會罹患乳癌，但近年來台灣罹患乳癌的患者有年輕化趨勢。小於 40 歲以下的乳癌病人竟接近兩成，且中位數落在 45 到 49 歲之間，與西方國家乳癌病人多數已處於停經後，年齡多在 60 或 70 歲以上的狀況不同。所以要再次提醒，從 30 歲起就要養成定期自我檢查乳房的好習慣！

當女性得知自己罹患乳癌時無疑是晴天霹靂，但這時好好調適心態、積極面對治療才最重要，畢竟乳癌的治療結果非常好，相較於其他種類的癌症死亡率較低。

試著與醫師溝通，了解自己接下來的治療計畫和可能面對的問題，並參加病友會凝聽乳癌存活者的心路歷程，這些都會有幫助。若是周遭親友罹患乳癌，更別忘記伸出關懷的援手。

肺癌

Q 為什麼會得肺癌？

肺癌是死亡率很高的癌症，近幾年來已經超越肝癌成為癌症死因第一名。

吸菸是極重要的危險因子，大部分肺癌患者與抽菸有關。菸草燃燒後會釋放出許多種化學物質，其中至少有 70 種被證實會導致癌症，抽菸者罹患肺癌的機會大約是一般人的 20 倍。吸得愈多、吸得愈久，得到的機會也愈高。

吸入二手菸同樣會造成肺癌，若常在家裡抽菸，不抽菸的伴侶和孩童將會受害。

廚房油煙也是肺癌的危險因子，煮愈多餐、持續愈久，皆會增加罹癌風險。

由於我們每天都要呼吸 15000 次以上，無所不在的**空氣汙染**將嚴重影響我們的健康。空氣汙染的成分很多，常見的有臭氧、氮氧化物、硫氧化物、碳氫化合物及各式各樣的懸浮微粒。目前環保署會對臭氧、一氧化碳、二氧化硫、二氧化氮、懸浮微粒等濃度進行監測。

肺癌頭號癌症殺手

肺癌可能沒有症狀，但若常有以下情形，應盡快就醫。

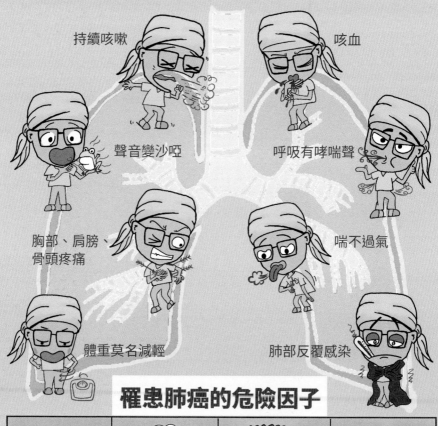

持續咳嗽

咳血

聲音變沙啞

呼吸有哮喘聲

胸部、肩膀、骨頭疼痛

喘不過氣

體重莫名減輕

肺部反覆感染

罹患肺癌的危險因子

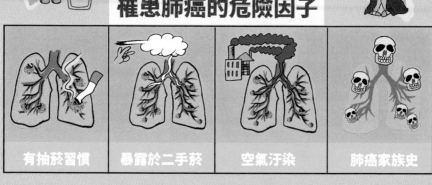

| 有抽菸習慣 | 暴露於二手菸 | 空氣汙染 | 肺癌家族史 |

懸浮微粒（particulate matter，簡稱 PM）就是一些飄浮在空氣中的固體或液滴，這些微粒的直徑很小，可以長時間存留在空氣中並飄向遠方。

自然界的火山爆發、沙塵暴都會帶來大量的懸浮微粒，不過人口密集的工業化都市往往會製造出高濃度的懸浮微粒，例如工地粉塵、燃燒化石燃料的工廠及汽機車、焚燒垃圾及金紙、施放煙火，都會製造許多懸浮微粒，室內的懸浮微粒會來自抽菸、油煙、燒香、燒烤。

懸浮微粒對於人體的危害依其大小而有所不同，一般在測量懸浮微粒時會用微米（μm）為單位。一微米（μm）等於千分之一公厘（mm）。直徑小於 10 微米的懸浮微粒會簡寫為 PM10，而直徑小於 2.5 微米的懸浮微粒會簡寫為 PM2.5。

顆粒較大的懸浮微粒大多會在鼻腔被過濾掉，直徑小於 10 微米的懸浮微粒則可進入呼吸系統，所以 PM10 被稱為「可吸入懸浮粒子」。

至於直徑更小的懸浮微粒如 PM2.5 不但容易吸附有害物質，例如鉛、鎘、錳、鎳、鍶、砷等，還會被吸入肺泡，直接進入血液循環，進而影響全身導致重金屬中毒、心血管疾病、肺部及血液病變。世界衛生組織已將空氣污染列為主要環境致癌物，比二手菸的危害更嚴重。
若有肺癌家族史，罹患的機會也較高。

Q 罹患肺癌會出現哪些症狀？

早期肺癌完全沒有症狀，這也是肺癌預後很差的原因，因為當症狀變明顯時，往往已經進展到疾病後期。

肺癌患者可能出現持續咳嗽、咳血、聲音變沙啞、喘不過氣、胸痛等症狀，體重會莫名減輕，肺部也容易反覆感染。

肺癌很容易轉移到肝臟、骨骼、腦部等地方，使症狀變得很複雜。轉移到腦部時，可能造成頭痛、噁心、癲癇、手腳無力、意識不清。轉移到骨頭時，可能導致疼痛或骨折。

Q 如何治療肺癌？

若狀況許可，醫師會建議手術切除，另外還會依照癌症分期搭配化學治療、放射治療或標靶治療。

Q 如何預防肺癌？

想預防肺癌，一定要盡快戒菸。和有抽菸習慣的人相比，戒菸者的罹癌風險較低。戒菸也可讓家人免於二手菸危害。

空氣汙染是導致肺癌的危險因子，我們一方面要避免製

造汙染，一方面要避免吸入汙染。減少空氣汙染是根本之道，必須仰賴每個人的努力，平時要節約能源，不要任意焚燒垃圾、金紙、施放煙火。

當空氣品質監測站偵測到較高濃度的空氣汙染，要避免外出。家裡可以使用空氣清淨機，降低空氣汙染的危害。炒菜時一定要打開排油煙機。

小志志醫師的叮嚀

市面上琳琅滿目號稱可以抵擋空氣汙染的口罩究竟有沒有效？

只要口罩沒有和臉孔完全密合，都無法阻擋懸浮微粒，一般棉布口罩幾乎沒有任何防護作用。和臉孔密合的口罩雖然有辦法阻擋懸浮微粒，卻常會讓人感到呼吸不順暢，很難長時間配戴。改善空氣汙染才是最好的辦法。

肝癌

Q 為什麼會得肝癌？

肝癌是相當常見的肝臟腫瘤，經常在 10 大癌症死因中名列前茅。

B 型肝炎、C 型肝炎是導致肝癌的重要原因。肝炎病毒會持續破壞肝臟細胞，數年後便漸漸演變成肝硬化、肝癌。A 型肝炎病毒同樣會造成肝炎，但是不會進展為慢性肝炎，也不會增加罹患肝癌的風險。

飲酒過量會導致肝硬化，進而增加罹患肝癌的風險。肥胖、第二型糖尿病亦是肝癌的危險因子。

在潮濕溫暖的地方，穀物容易滋生黃麴黴毒，花生、小麥、玉米、稻米都可能受到汙染，長期接觸黃麴毒素會導致肝癌。

Q 罹患肝癌會有哪些症狀？

早期肝癌沒有任何症狀，患者完全沒有感覺，僅能仰賴超音波、電腦斷層等影像檢查來偵測腫瘤。當肝癌變大

如何治療肝癌？

腫瘤數目、位置、肝功能？

年紀、身體狀況？

確定罹患肝癌之後，
醫師會視患者年紀、病情和身體狀況決定治療計畫。

手術切除

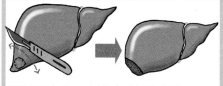

若狀況允許，手術切除肝癌是
最有效的治療，有機會治癒肝癌。

射頻燒灼

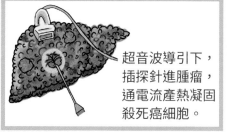

超音波導引下，
插探針進腫瘤，
通電流產熱凝固
殺死癌細胞。

動脈栓塞

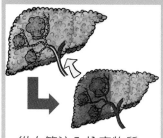

從血管注入栓塞物質，
阻斷氧氣及營養供給
促使腫瘤壞死。

酒精注射

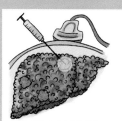

超音波導引下，
插針穿過皮膚
注射酒精，
讓腫瘤壞死。

肝臟移植

取出患者整個肝臟，
植入屍體或活體捐贈
的健康肝臟。

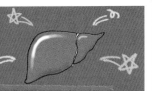

預防肝癌

✪ 減少罹患C型肝炎的機會

拒絕毒品
拒絕共用針頭

穿洞或刺青
要注意衛生

了解性伴侶
健康狀況
不確定則要
用保險套

✪ 減少肝硬化的機會

✪ 接種疫苗
預防B型肝炎

控制
體重

飲酒
適量

小心使用生活及
工作中化學物質

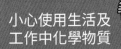

若患有肝硬化、B型肝炎、或C型肝炎，
務必定期接受追蹤檢查。

後，患者可能會出現疲倦、食慾不佳、噁心、嘔吐、腹脹、體重減輕、黃疸等症狀。由於症狀大多不明確，很容易被患者忽視。

Q 如何確診與治療？

就醫檢查：若本身有肝癌危險因子，應該要定期接受檢查。腹部超音波可以偵測肝臟腫瘤，是非侵襲性且便利的檢查。

部分肝癌細胞會分泌胎兒蛋白（Alpha-fetoprotein，簡稱 AFP），使患者血液中胎兒蛋白濃度上升，所以經常用來追蹤肝癌患者的病況。但也有其他因素可能導致胎兒蛋白濃度上升，所以單獨檢驗胎兒蛋白並不能直接用來診斷或排除肝癌。

發現肝癌時要盡快治療，醫師會依據腫瘤的大小、數量，並考量患者的年紀、身體狀況、肝臟功能來安排不同的治療計畫：

· **手術切除**：狀況許可時，動手術切除部分肝臟是最有效的治療，有機會治癒肝癌。

· **射頻燒灼**：在超音波導引下，將探針插入肝腫瘤然後產熱燒灼殺死癌細胞。

· **酒精注射：** 在超音波導引下，將針頭插入肝腫瘤然後注射酒精殺死癌細胞。

· **動脈栓塞：** 由於肝癌的血液供應主要來自肝動脈，所以可以將栓塞物質注入阻斷血液供應，讓癌細胞壞死。

· **肝臟移植：** 隨著移植技術進步，肝臟移植也被運用來治療肝癌。醫師先將不正常的肝臟整個移除，接著植入健康的肝臟。移植成功後，患者有機會回到工作崗位，不過需要終身服用抗排斥藥物，也將面對後續感染、排斥等後遺症。

Q 如何預防肝癌？

想要預防肝癌一定要避免感染 B 型及 C 型肝炎病毒，這兩者皆是透過血液、體液傳染。千萬不可共用針頭，刺青工具必須徹底消毒。此外，肝炎病毒亦可經由性交傳染，了解性伴侶的健康狀態，如果不確定就要使用保險套。

目前有 B 型肝炎疫苗，許多國家皆對新生兒全面接種。但是經過 15 至 20 年後，有些人體內已測不到抗體，甚至連免疫記憶都會消失，如有需要便得重新施打疫苗，例如醫療工作者、有多重性伴侶、血液透析患者等高風險族群。

C 型肝炎無法靠疫苗預防，所以要盡量小心避免感染 C 型肝炎病毒。近年來治療 C 肝的藥物有顯著進步，倘若感染了 C 肝，要盡快接受治療。

由於肝硬化會導致肝癌，我們要盡量減少各項危險因子，例如飲酒過量、肥胖、黃麴毒素。倘若本身具有危險因子，一定要定期追蹤，才能早期發現、早期治療

小志志醫師的叮嚀

台灣每年有一萬多人罹患肝癌，好發於男性、中老年人。肝癌與 B 型肝炎、C 型肝炎關係密切，一定要好好預防及治療。

子宮頸癌

Q 為什麼會得子宮頸癌？

子宮頸位於子宮的最底部，與陰道連接。子宮頸癌是藉由病毒傳染的疾病，元凶為人類乳突病毒（Human papillomavirus，簡稱 HPV）。

人類乳突病毒相當常見，已知種類超過 100 種，其中 30 多種主要經由性行為傳染。也就是不分男女，只要有性生活，就有可能感染人類乳突病毒。

遭到感染後，免疫系統會啟動防衛機制，但若病毒持續攻擊人體，陰莖、陰道、陰唇、肛門會長出類似花椰菜的小肉疣，俗稱「菜花」。倘若反覆感染，便可能導致低惡性度癌前病變，再進展到高惡性度癌前病變，最後發展成子宮頸癌。

全球 9 成以上的子宮頸癌皆與人類乳突病毒有關係。女性相當年輕就有性行為，擁有多重性伴侶，或罹患其他種類的性病，都會增加罹患子宮頸癌的機率。另外，若個人免疫力低，有抽菸習慣，也較容易罹患。

子宮頸癌

子宮頸癌的症狀

陰道分泌物
量多有異味

性交後出血

性交疼痛

容易罹患子宮頸癌的族群

多重性伴侶

相當年輕就有性行為

抽菸

性病病史

免疫力低

四招避免子宮頸癌

接受子宮頸癌
疫苗注射

定期接受
抹片檢查

安全性行為

不抽菸

Q 罹患子宮頸癌會出現哪些症狀？

早期的子宮頸癌沒有症狀，得靠定期子宮頸抹片才能得知子宮頸已遭受破壞。較晚期的子宮頸癌會讓女性陰道分泌物量變多且有異味，在性交後出血，或非月經期的陰道出血。患者亦常在性交時感到疼痛。

Q 子宮頸癌如何治療？

由於早期症狀不明顯，女性應定期做子宮頸抹片檢查。婦產科醫師會用小棒條刮取部分子宮頸組織，交由病理科醫師判讀。假使發現子宮頸癌前病變，醫師會視患者的病變程度、病灶部位、未來是否需要生育及患者身體狀況，來決定冷刀、雷射、環狀電燒等方式處理。

倘若已進展到子宮頸癌，切除子宮會是主要治療方法。醫師還會視癌症是否侵犯到膀胱及直腸，決定是否進行骨盆腔淋巴結廓清，並搭配化學治療及電療。

子宮頸癌是台灣女性最好發的癌症之一，只要能早期發現，治癒機會很高。

Q 如何預防子宮頸癌？

大家看到這裡想必已經猜到，預防子宮頸癌的第一步是要避免感染人類乳突病毒。採取**安全性行為**很重要，避

免多重性伴侶，並全程使用保險套，以減少感染的機會。**接種疫苗**能讓身體對幾種特定病毒型產生免疫力，亦可降低子宮頸癌發生。最有效的就是讓 12 歲以上尚未有過性行為的青少女接受疫苗注射，已有性行為者可以請醫師評估。

千萬別以為沒有性行為就不用預防！尚未有過性行為的年紀正是注射子宮頸疫苗的最好時機，因為從未接觸過人類乳突病毒，預防的效果最好。

已有性行為的女性應**每年接受子宮頸抹片檢查**，以偵測癌前病變或子宮頸癌。國健署補助 30 歲女性一年做一次子宮頸抹片檢查。由於多數患者的症狀並不明顯，且從癌前病變進展到子宮頸癌需要一段時間，做例行檢查才能及時發現，及時接受治療。

小志志醫師的叮嚀

及早施打疫苗，遵守安全性行為，定期抹片檢查，再配合不染上抽菸惡習，就能遠離子宮頸癌的威脅。

胃癌

Q 為什麼得胃癌？

胃癌在歐美國家較少見，但在日本、中國、台灣、韓國等東亞地區盛行率較高。曾有人說這與不同地區的飲食習慣有關，因為當冰箱出現後，人類保存食物的方式改變，也較容易吃到新鮮食物，胃癌的發生率就出現下降趨勢。然而東亞地區人民習慣吃鹽漬或煙燻類食物，胃癌發生率就居高不下。

除了飲食外，抽菸也是罹患胃癌的重要危險因子。若家中有親戚曾經罹患胃癌，或感染胃幽門螺旋桿菌卻沒接受治療，或有惡性貧血，也都較容易導致胃癌。

所有源自於胃部的癌症都被統稱為胃癌，但又可以細分為幾種。腺體組織原長於胃的內層，負責分泌黏液，保護胃部不受胃酸侵襲，若從腺體長出癌細胞則稱為胃腺癌，屬於最常見的胃癌。後續分期就以癌細胞侵犯黏膜層的深淺程度劃分。

臨床上有幾種較少見的胃癌：從胃部的免疫系統細胞長出的癌症為胃淋巴癌，或從其他細胞長出的神經分泌腫

瘤和基質瘤等。由於這些其他種類的胃癌實屬少數，我們普通談到的胃癌幾乎還是指胃腺癌。

Q 罹患胃癌會出現哪些症狀？

罹患胃癌不一定會有症狀，比較常見的症狀是腹疼痛，吃少量東西就有飽足感或容易打嗝，容易「溢酸水」，也就是胃食道逆流，持續嘔吐，總覺得脹氣及消化不良，人很虛弱疲累，即使沒有節制飲食，體重依然持續下降。

Q 如何治療胃癌？

若患者有以上症狀並有罹患胃癌或胃潰瘍的危險因子時，醫師會建議胃鏡檢查，從患者喉嚨穿進內視鏡，以便看到食道、胃、十二指腸的內膜有沒有發炎、潰瘍或腫瘤形成，必要時會做組織切片，取下一小部分腸胃道組織送病理科化驗。

若組織化驗證實患者罹患胃癌，常需加做電腦斷層或其他影像學檢查，確定胃癌目前擴散的程度。然而有時影像學檢查並不能百分百看出癌症進展，仍須仰賴剖腹手術探查結果方能確診。

針對絕大多數的胃癌案例，醫師會建議手術治療。手術的目的是要移除癌症組織、周邊部分健康組織及淋巴結。視胃癌腫瘤大小、生長位置，切除的範圍並不同，局部

切除、半胃切除、近端切除、全胃切除都有可能。切完胃部之後醫師還要重建腸胃道，拿底下的腸子接到殘餘胃部或食道，以恢復患者的進食功能。

不難想像，切胃手術最常帶來的急性後遺症就是出血及感染，部分患者會抱怨進食不順，總覺得消化不良。

除了手術外，化療和電療亦能輔助治療。目前也出現愈來愈多能毒殺不同種類的標靶治療藥物。按部就班接受治療才能獲得最好的效果。

Q 預防胃癌的健康注意事項

健康飲食會有幫助，多吃蔬果，少吃煙燻或鹽漬的食物。若現在還有抽菸習慣，務必要戒菸。常有肚子不舒服要及早就醫檢查，假使驗出胃部有幽門螺旋菌感染，則需要吃藥治療，避免潰瘍持續發生。40 歲以後可以考慮定期接受胃鏡檢查，以便及早發現問題。

胃癌

好發於台灣、日本、韓國等東亞地區。

胃癌分期

發生於黏膜層的胃癌會逐漸向外層擴展

胃癌症狀

噁心嘔吐

食量少容易飽

溢酸水

常打嗝

上腹痛

覺得脹氣消化不良

四招預防胃癌

戒菸

少吃燒烤或醃製食物

治療胃幽門桿菌感染

40歲後定期做胃鏡

口腔癌

Q 為什麼會得口腔癌？

口腔癌是口腔部位癌症的總稱，包含發生在嘴唇、牙齒、牙齦、臉頰內側黏膜、舌頭等處的癌症病變。

口腔癌是台灣青壯年男性最容易罹患的癌症，最好發於 45 歲左右，平均死亡年齡不到 55 歲，比其他癌症的死亡年齡早了 10 年以上，近年來的發生年齡甚至下降，是台灣男性第 4 大好發及導致死亡的癌症。

致病危險因子是嚼檳榔、抽菸、嚼食菸草和喝酒。菸酒檳榔都是容易導致細胞變性成癌細胞的因素。根據統計，吸菸者罹患口腔癌的機率為不吸菸者的 18 倍；同時吸菸又嚼檳榔，罹患機率為無此習慣的 89 倍；同時吸菸、喝酒、嚼檳榔，罹患機率為無此習慣的 123 倍。

另外，口腔衛生不佳，假牙裝置不當或蛀牙等問題，也會增加口腔內細胞變性機會，因而提高罹患口腔癌的機率。

Q 罹患口腔癌會出現哪些症狀？

有抽菸、喝酒、嚼檳榔的習慣，或口腔衛生不佳，務必要定期自我檢查口腔。

假使口腔內出現無法癒合的潰瘍傷口，出現紅斑或白斑，有一塊黏膜或皮膚形成腫塊或變厚脫屑，口腔內不明原因出血，牙齒鬆動或假牙無法固定，舌頭疼痛或活動度變差，下顎疼痛麻木或僵硬，吞嚥及咀嚼有困難或疼痛，都可能是口腔癌的症狀。尤其當以上症狀持續超過兩個星期，請預約牙醫門診接受檢查。

Q 如何治療口腔癌？

假使有上述可疑症狀，醫師做口腔檢查時會移除部分組織做病理切片，確定是否已經是癌症或癌前病變。確定罹患後，可能需要用內視鏡和電腦斷層評估是否已經侵犯到頭頸部其他器官。除了接受檢查外，患者務必要立刻戒除嚼食檳榔、吸菸、喝酒等習慣。

確定口腔癌的位置及侵犯程度後，醫師會決定治療方式，多需以手術移除癌組織及清除附近淋巴結，再輔以化學治療和電療清除體內癌細胞。

用手術清除口腔癌後常會造成顏面缺損，不但外觀不好看，可能還會喪失進食、說話、吞嚥等重要功能，因此

醫師還需要做顏面及口腔重建手術，從手臂、大腿等身體部位移轉皮膚肌肉等皮瓣組織到頭頸部縫合，並裝置假牙。術後照護是個大工程，很可能會有出血和感染等併發症。

Q 健康注意事項

口腔癌會讓人毀容，還奪去許多青壯年的性命。要遠離口腔癌，最重要的是養成健康好習慣，不要使用菸草，不要嚼檳榔，不要過量飲酒。同時也要注意口腔衛生，每日刷牙及使用牙線，避免牙周病或蛀牙，安裝假牙時務必確定其合用。

如果真的無法戒掉抽菸嚼檳榔等習慣，請記得要定期做口腔黏膜檢查。國健局目前補助 30 歲以上曾經嚼食檳榔或吸菸的民眾，每兩年前往牙科或耳鼻喉科接受一次口腔黏膜檢查。

醫師會檢查患者口腔內有沒有癌前病變徵兆，早期發現問題就能早期治療，阻斷癌症發生。只要能早期發現，經治療後 5 年有 8 成的存活率，且手術範圍縮小，患者顏面變形的機會也變小。

拒絕口腔癌

拒絕菸草

拒絕嚼檳榔

定期口腔檢查

口腔癌

可能發生口腔底部、嘴唇、舌頭、牙齦、及臉頰內側等處。

口腔癌

口腔癌的症狀

口腔嘴唇的傷口無法癒合

不明原因出血

假牙無法固定或牙齒鬆動

口腔出現白斑或紅斑

吞嚥咀嚼疼痛

舌頭活動度變差

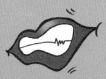

張口困難

罹患口腔癌的危險因子

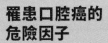

抽菸

嚼檳榔

飲酒過量

口腔衛生不良

過量陽光暴射

攝護腺癌

Q 為什麼會得攝護腺癌？

攝護腺位在膀胱出口，其分泌物為精液的一部分。

目前並不清楚為什麼會發生攝護腺癌，但攝護腺癌與患者的年齡極為相關，年紀愈大，罹患的機會愈高，因此隨著人口老化，攝護腺癌的發生率已攀升至台灣男性癌症第 5 高，在全世界都非常盛行，可說是老年人的隱性殺手。

攝護腺癌還與肥胖和家族史有關，無論是家族裡的男性曾罹患過攝護腺癌，或家族裡帶有乳癌基因，都會提高家族男性成員得到攝護腺癌的機會。

Q 罹患攝護腺癌會出現哪些症狀？

攝護腺癌與很多癌症一樣，在疾病初期並不會有太多症狀，而且攝護腺癌通常生長緩慢，更不容易讓患者感覺異樣。有的話，幾乎都是泌尿道的問題。

攝護腺癌生長時可能會擠壓到尿道，所以患者會發現尿

流變細，或有排尿困難，無法一次解乾淨。於是晚上需要起床尿尿的機會變多了，患者可能誤以為是攝護腺肥大而置之不理，等症狀變嚴重時，患者尿液中會帶血，甚至可能會尿失禁。部分患者會抱怨骨盆疼痛及勃起困難。

Ⓠ 攝護腺癌的確診與治療

若患有類似攝護腺癌的症狀，醫師會替患者做肛門指診，伸手指頭進入患者的肛門與直腸，用觸感評估攝護腺的大小及堅硬程度。再搭配抽血檢查攝護腺特異抗原的結果，決定是否幫患者做攝護腺超音波。

做攝護腺超音波時，醫師需從患者肛門伸進超音波探頭，檢查攝護腺的型態。若超音波下的影像顯示有腫瘤可能，則會用針抽取組織化驗，以確定是否為惡性細胞。

確診後，醫師會安排電腦斷層及骨骼掃描等影像檢查，判斷癌症的進展程度和是否有骨骼轉移，以決定治療方法。

攝護腺癌有個較特別的治療方式是「荷爾蒙療法」。由於攝護腺癌生長需依賴男性荷爾蒙，抑制患者分泌男性荷爾蒙，惡性腫瘤就可能停止生長。因此醫師可能會建議用藥抑制患者分泌男性荷爾蒙，或建議切除睪丸，端看患者病情決定。

除了荷爾蒙療法外，醫師也常配合放射線治療與手術切除攝護腺來治療。尤其在發明達文西機械手臂後，醫師已能更精準地完成攝護腺切除手術。

總和來說，治療方式有多樣，患者需多與醫師溝通，並了解自己的病情，共同決定最佳的處理方式。

Ｑ 如何預防攝護腺癌？

雖然我們不確定攝護腺癌的發生原因，也沒有研究顯示哪一種食物絕對能預防攝護腺癌，科學家仍然建議健康飲食、多運動、維持健康體重是預防的不二法門。

另外，50 歲以上男性可以考慮每年接受肛門指診，及抽血檢查攝護腺特異抗原。家中曾有攝護腺癌和乳癌家族史的人更要注意。

攝護腺癌

台灣男性
癌症發生率
第五高

台灣男性
癌症死亡率
第七高

攝護腺
位在膀胱出口，
其分泌物是精液的一部分。

膀胱

攝護腺

攝護腺癌
初期沒有明顯症狀，
或出現類似攝護腺肥大的症狀。

尿流變細　　　　排尿困難

血尿　　　　　　夜尿

骨盆痛　　　　　勃起困難

診斷
攝護腺癌

醫師伸指頭進到直腸，
評估攝護腺的大小、
有無腫瘤及堅硬程度。

肛門指診　**+**　抽血檢查
攝護腺特異抗原

若有異常

攝護腺切片檢查

使用細針
抽取組織化驗

攝護腺超音波

從肛門伸進
超音波探頭
檢查攝護腺

大腸直腸癌

Q 為什麼會得大腸直腸癌？

近幾年來，大腸直腸癌的發生率愈來愈高，目前已是台灣發生率第 1 名的癌症。較常見的危險因子有：

· **年齡：**大於 50 歲後，罹患的機率顯著上升。

· **家族史：**若有大腸直腸癌的家族史，較容易罹患。體重過重的患者罹患的機會較高。

· **油炸食品、加工肉品、紅肉（牛、羊、豬等）、低纖高脂的飲食習慣**皆可能增加罹患大腸直腸癌的機會。

· **運動較少的人罹癌機會較高。**

· **第二型糖尿病。**

· **抽菸。**

· **飲酒過量。**

大腸直腸癌

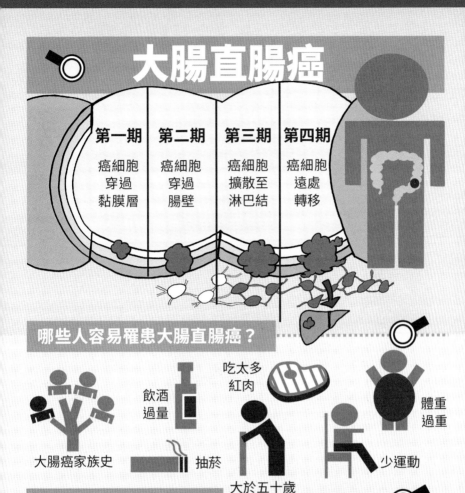

第一期	第二期	第三期	第四期
癌細胞穿過黏膜層	癌細胞穿過腸壁	癌細胞擴散至淋巴結	癌細胞遠處轉移

哪些人容易罹患大腸直腸癌？

大腸癌家族史

飲酒過量

抽菸

吃太多紅肉

大於五十歲

少運動

體重過重

如何治療大腸直腸癌？

化學治療

手術治療

標靶治療

放射治療

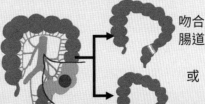

依腫瘤位置切除部分腸道

吻合腸道

或

腸造口

若有下列情況，
醫師可能會建議**大腸鏡**檢查

血便

長期便祕或腹瀉

具有罹患大腸癌
的危險因子

長期腹脹腹痛

年紀大於五十歲

曾有大腸瘜肉

若你正在服用任何通血路的藥物，
有心、肝、腎等慢性病、
高血壓、糖尿病、或其他固定用藥
務必告訴醫師

Q 罹患大腸直腸癌會出現哪些症狀？

大腸直腸癌經常由息肉轉變而來。這些小顆息肉原本是良性的，但是隨著時間會慢慢長大並轉變成癌症。大腸直腸癌會從黏膜開始往外侵犯，漸漸穿過腸壁。

癌細胞會隨著淋巴循環進入淋巴結，也會隨著血流轉移到肝臟、肺臟、腦部等地方。

小顆息肉與早期大腸直腸癌幾乎沒有任何症狀，必須透過糞便潛血檢查或大腸鏡檢查才有辦法發現。

腫瘤變大後，患者可能出現血便、貧血、腹痛、虛弱、體重減輕等症狀。大腸直腸癌可能腸道阻塞，而導致排便習慣改變、腹瀉、便祕。

息肉或早期大腸直腸癌經常有少量出血，因為出血量不多，肉眼往往無法察覺，需要靠糞便潛血反應來檢查。許多國家都使用糞便潛血反應進行大規模篩檢。

大腸鏡是用一根長長的內視鏡檢查大腸和直腸，必要時可以做切片或切除息肉。大腸鏡是診斷大腸直腸癌的好工具，不過檢查前需要服用瀉劑將大腸內的糞便清乾淨，才能徹底看清楚。

一般而言，醫師會建議 50 歲以上的民眾接受糞便潛血或

大腸鏡檢查，對於有危險因子的民眾，會建議提早接受檢查。

Q 如何治療大腸直腸癌？

發現大腸直腸癌之後，醫師會考量患者的身體狀況、腫瘤位置、轉移與否來制定治療計畫。如果狀況許可，大多會建議先以手術切除腫瘤及部分腸道。

術後病理科醫師會詳細檢查取下的腫瘤、淋巴結，確定癌症分期。接著便能根據病理報告，選擇搭配化學治療、放射治療或標靶治療。

只要按部就班接受治療，早期大腸直腸癌的 5 年存活率會在 9 成左右。

Q 如何預防大腸直腸癌？

調整飲食習慣、控制體重、戒菸、避免酗酒、多運動，皆可降低罹患的風險。不過最好的方法還是定期檢查，因為早期癌症完全沒有症狀，很容易錯過最佳治療時機。

由於大腸直腸癌是由息肉演變而成，只要趁早發現息肉並將它摘除便能避免。有大腸息肉病史的人很容易再度長出息肉，定期追蹤是預防的最好方法。

癌胚抗原（CEA）是與大腸直腸癌相關的腫瘤指數，然而僅能當作治療後的追蹤工具，不能用來篩檢大腸直腸癌。因為肺癌、胰臟癌、卵巢癌等多種癌症都可能讓癌胚抗原指數上升，抽菸、消化性潰瘍、肝膿瘍也會讓癌胚抗原升高。單純抽血檢驗癌胚抗原不能用來確定診斷或排除大腸直腸癌的可能。

小志志醫師的叮嚀

很多人聽到大腸直腸癌手術便會聯想到人工肛門，這是錯誤的想法。其實多數患者並不需要人工肛門，或僅需要暫時性人工肛門。

淋巴癌

Q 為什麼會得淋巴癌？

遍布全身的淋巴系統是身體的防禦機制，能夠協助對抗入侵的病原體。淋巴癌源於淋巴系統病變，患者的淋巴系統會製造大量不正常的淋巴細胞。

目前尚未完全明瞭淋巴癌的發生原因，不過有些危險因子可能提高罹患淋巴癌的機會。（根據細胞型態淋巴癌可分為何杰金氏淋巴癌與非何杰金氏淋巴癌，由於大多數患者屬於非何杰金氏淋巴癌，所以本文主要討論非何杰金氏淋巴癌。）

· **年齡：**大多發於 60 歲以上。

· **感染某些病毒或細菌：**人類免疫缺乏病毒（Human Immunodeficiency Virus，簡稱 HIV）、人類疱疹病毒第四型（Epstein-Barr virus，簡稱 EBV）、C 型肝炎病毒、幽門螺旋桿菌等皆可能增加罹癌風險。

· **暴露某些化學物質：**研究人員認為油漆、苯、某些殺蟲劑或除草劑可能增加罹患淋巴癌的機會。

· **服用免疫抑制劑**：接受器官移植，長期服用免疫抑制劑的患者罹癌風險較高。

· **曾經接受化學治療或放射治療**：許多癌症會使用化學治療或放射治療，這些也是淋巴癌的危險因子。

Q 罹患淋巴癌會出現哪些症狀？

目前淋巴癌沒有有效的篩檢工具，而且產生的症狀大多沒有特異性，所以我們僅能多加留意，提高警覺。較常見的症狀如下：

燒：不明原因反覆發燒，且找不到明顯的感染源。
腫：頸部、腋下、鼠蹊等部位的淋巴結腫大，周邊沒有傷口或發炎。這幾處的淋巴結較表淺，異常腫大時較容易察覺。
汗：夜間盜汗。
咳：咳嗽持續兩周以上。
瘦：短時間內體重減輕。
癢：全身發癢、出現紅斑。
痛：淋巴癌可能導致腹痛或胸痛。
喘：淋巴癌可能壓迫氣管，導致呼吸困難。

Q 如何治療淋巴癌？

懷疑罹患淋巴癌時，一定要做切片取出腫大的淋巴結化

驗，才有辦法確定診斷，並選擇適當的治療方式。淋巴癌的分期方式和其他癌症不大相同，醫師會做全身影像檢查，發現淋巴癌的位置愈多，病況愈嚴重。淋巴癌是全身性疾病，治療方式主要有化學治療、免疫治療、標靶治療、放射治療、血液幹細胞的移植等。

根據統計，若能按部就班接受治療，患者的 5 年存活率約在 7 成左右，10 年存活率約在 6 成左右。

Q 預防淋巴癌的健康注意事項

要盡量避免上述已知的危險因子，不要長期暴露在油漆、苯等化學物質中，對於能夠治療的細菌或病毒，務必接受治療，避免長期感染。

不過，還是要提醒大家，臨床上許多淋巴癌患者本身並沒有任何危險因子，所以平時要多注意自己的身體狀況，才能早期發現，早期治療。

嚴防淋巴癌

淋巴系統是體內的防禦機制，負責對抗外來的病原體，若淋巴細胞病變可能成為**淋巴癌**。

罹患淋巴癌的危險因子

油漆

殺蟲劑

暴露化學物質

感染某些病毒細菌

幽門螺旋桿菌

C型肝炎

HIV

曾接受器官移植

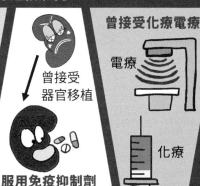

服用免疫抑制劑

曾接受化療電療

電療

化療

淋巴癌的六大症狀

燒 不明原因的發燒

淋巴結腫大但附近沒有感染

腫

夜間盜汗

汗

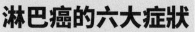

全身都很癢 **癢**

咳

持續咳嗽兩個星期以上

瘦

沒減體重卻一直降重

認識無形的傳染病

04

破傷風

Q 為什麼得破傷風？

大家對破傷風可能有點陌生，甚至已經忘了這個可怕的疾病。破傷風屬於第三類法定傳染病，自從破傷風類毒素預防注射後，台灣的案例很少。然而破傷風在某些國家仍舊十分常見，全世界每年約有一百萬個案例發生。

致病原因：破傷風的致病原是破傷風桿菌，破傷風桿菌會存在動物的腸道裡，當傷口接觸到被動物及人類糞便汙染的土壤，破傷風桿菌就可能會進入體內。遇到燒燙傷、動物咬傷、車禍受傷時，破傷風桿菌有可能趁機進入人體，千萬不能掉以輕心。

Q 破傷風會出現哪些症狀？

破傷風桿菌從傷口進入人體後會潛伏數天至數周，接著，患者的下巴及頸部逐漸僵硬痙攣，很難吞嚥食物與水，然後腹部肌肉也會痙攣。最典型也最嚴重的症狀是「角弓反張」，患者受到噪音、觸碰或光線刺激時，全身肌肉強力收縮，使身體像弓一樣向後彎曲。

強力痙攣的肌肉甚至會讓脊椎或其他骨頭斷裂。大量繁殖的破傷風桿菌會釋放出強力神經毒素干擾運動神經元，一般會由下巴及頸部肌肉開始出現痙攣。

當橫膈肌受神經毒素影響而痙攣時，患者將無法呼吸，多數患者皆死於呼吸衰竭。

Ⓠ 如何治療破傷風？

患者是否罹患破傷風，主要得依據病史、身體檢查、肌肉痙攣的狀況來判斷，無法靠抽血檢驗得到答案。

目前破傷風無藥可醫，不過從一九二〇年代開始破傷風類毒素便被用來預防與治療破傷風，讓人類終於能夠免於破傷風威脅，在二次世界大戰期間，拯救了許多性命。從未接受過預防注射的人罹患破傷風會很容易死亡。至於何時該注射破傷風類毒素？哪些傷口需要非常小心呢？

若在車禍、農地、野外受傷，傷口被土壤、塵土、或動物糞便汙染，就需要盡快尋求醫療協助。另外，當皮膚被生鏽的鐵釘、刀片劃破或是被動物咬傷，也不能大意，要立刻就醫。

就醫時：醫師會詢問患者是否接種過五合一疫苗、混合疫苗或破傷風類毒素，因此患者及家屬要清楚曾經接種

過哪些疫苗。假使接種次數小於 3 次或不太確定，便需要補打破傷風類毒素。假使傷口又深又髒，距離上次接種已超過 5 年，也需要補打。

Ⓠ 破傷風疫苗接種建議

目前台灣的孩童會在出生滿 2、4、6、18 個月時接種五合一混合疫苗（包含白喉、破傷風、非細胞性百日咳、b 型嗜血桿菌與不活化小兒麻痺），並會在小學一年級接種混合疫苗（包含減量破傷風、白喉、非細胞性百日咳及不活化小兒麻痺混合疫苗）。完成接種後，保護力大約可以維持 10 年。

倘若本身從事的工作常常接觸到土壤、塵土或動物，例如農夫、園丁、獸醫、修路工、建築工等，以及創傷的高危險群，例如警察、軍人等，要記得每 10 年追加一劑破傷風類毒素，確保體內擁有足夠的免疫力。

破傷風
是什麼？

泥土與糞便之中

藏著破傷風桿菌

若穿刺傷口受到土壤及糞便污染，破傷風桿菌就會進入人體。

全身痙攣
角弓反張
無法呼吸
最後死亡

釋放出強力毒素
影響運動神經

肌肉痙攣，最先表現
下巴頸部僵硬痙攣。

現在，
可以接種疫苗
預防破傷風。

完成基礎接種後，若有骯髒傷口且
五年內沒打過**破傷風類毒素**者，
須追加一劑。

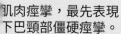

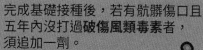

分別在嬰兒出生後2個月、
4個月、6個月、18個月、
及6歲入學前各接種一次
混合疫苗，總共五次。

登革熱

Q 登革熱是什麼樣的疾病？

登革熱屬於第二類法定傳染病。在這一兩年內，台灣人對登革熱可說是聞之色變。登革熱的致病原為登革病毒，依抗原性分成第 1、2、3、4 型，主要發生在熱帶及亞熱帶有埃及斑蚊及白線斑蚊存在的區域。

傳染途徑：當蚊子吸食到帶有登革病毒的血液後，再去叮咬其他人，就能傳播疾病到下個患者身上。不是人對人直接傳染，也不會由空氣或接觸傳染。潛伏期約 3 到 8 天。登革病毒對蚊子而言並不會致病，只有病媒蚊傳播登革病毒至人體時，才會引發人體不適。

除了此傳染途徑外，近年發現病媒蚊也可能在產卵時直接將登革病毒傳給下一代。目前並不清楚有多少比例的病毒是靠這樣的形式傳播，應該還是算極少數。

Q 感染登革熱會出現哪些症狀與併發症？

被傳染登革熱後，每個人病情的嚴重程度差異極大。有些人可能沒有任何不適或症狀極輕微，而有症狀者，多

數以發燒及起疹子為主，發燒形式為突發性高燒，體溫驟升至攝氏 39 到 40 度，皮疹常發生在發燒將退時。患者並有明顯肌肉痠痛、關節痛、骨頭疼痛，因此也有人稱登革熱為「斷骨熱」。同時，患者會抱怨頭痛及眼睛後窩疼痛，可能會腹瀉或嘔吐。

多數人的症狀能在一星期後逐漸緩解，但少數人會變成登革熱重症，出現嗜睡、出血、肝臟腫大、躁動等併發症，可能會休克與死亡。

Q 如何治療登革熱？

若發病前曾到疫區旅遊或居住，及有登革熱臨床症狀，醫師可用登革熱快速檢驗試劑做快速篩檢，但檢查為陰性者並無法完全排除罹患的可能，需繼續觀察臨床症狀。

目前沒有特殊藥物能抵抗登革病毒，確診後僅能依症狀施以支持療法，讓患者充分臥床休息及補充足夠水分，病情輕微者可以回家休養。若出現持續嘔吐、黏膜出血、肝臟腫大、嗜睡或躁動等警示症狀，就需要住院，抽血檢查血比容，適時以輸液或輸血補充流失的水分血液，監測生命徵象，評估器官損傷程度，並處理出血的併發症。

典型登革熱的死亡率小於 1%，多數人在一星期會恢復。感染過一次登革熱病毒且復原後，身體會對這一型登革

病毒產生抗體。下一次若在感染同一型病毒，身體已有免疫力，因而不會有症狀。但若是感染到其他三型的登革病毒，那身體不但無免疫力，還容易演變成登革熱重症，死亡率達 20%。另外，年長者、慢性疾病者、孕婦、肥胖者也會比一般人更容易罹患登革熱重症。

❓ 如何預防登革熱？

防治登革熱需要眾人一同努力。務必清除居家的積水容器，防止病媒蚊孳生，才能有效降低登革病毒傳播。出門時可著長袖長褲，噴灑含 DEET 的防蚊液防止蚊子叮咬。若已被確診登革熱，要注意避免再被蚊子叮咬，以免傳出病毒。

小志志醫師的叮嚀

清除所有積水容器是預防登革熱最有效的辦法，大家平時要注意居家環境，避免病媒蚊孳生，才能防止登革熱流行。

登革熱
你該知道的事

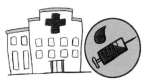

抽血檢查
確診登革熱

斑蚊
叮咬患者

依照病情
決定
是否住院

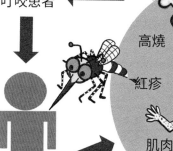

高燒

紅疹

頭痛

眼睛痛

嘔吐

肌肉
關節痛

腹瀉

骨頭痛

經過
三到八天發病

傳播
登革熱病毒
給其他人

多數人
一星期後病情緩解

少數人
變成登革熱重症

若感染
同一型登革熱

沒事

有免疫力

對這一型登革熱
產生免疫力

意識變化

出血

休克

死亡

少尿

容易
變成
登革熱
重症

若感染
其它三登革熱

再度被
斑蚊叮咬時

無免疫力

肉毒桿菌中毒

Q 什麼是肉毒桿菌中毒？

現在我們想到肉毒桿菌，常常直接聯想到美容除皺的功效。然而你不可不知，肉毒桿菌其實存在於大自然，土壤、湖水、動物排泄物中都有，並多以肉毒桿菌孢子的型態出現於我們生活周遭。

肉毒桿菌孢子會活化成肉毒桿菌，分泌出「肉毒桿菌神經毒素」，此能抑制乙醯膽鹼之釋放，影響神經元傳導，肌肉無法收縮，導致全身或局部的麻痺現象。

主要傳染途徑：較常見的肉毒桿菌中毒來自食物，因為毒素會存在沒有充分殺菌的罐頭，家庭醃漬的蔬菜、肉類、海鮮等處，吃下肚就可能受到感染。

另外也有創傷型肉毒桿菌中毒，起因於是受傷時傷口深處受到泥土、細沙內的肉毒桿菌汙染，之後增殖並釋放毒素。

另一種感染發生在腸道菌叢不夠健全的嬰幼兒身上，當小於 1 歲的嬰幼兒吃下含有肉毒桿菌孢子的食物後，腸

道無法清除孢子，孢子會在腸道內轉成肉毒桿菌並釋放毒素。

此三類為主要傳染途徑，而肉毒桿菌中毒並不會在人與人之間直接傳染。

Q 肉毒桿菌中毒會出現哪些症狀？

嬰兒的肉毒桿菌中毒會先出現便秘，接著難以餵食，全身軟趴趴，肌肉張力低下。

成人的肉毒桿菌中毒常最先出現視力模糊，接著患者眼皮下垂、吞嚥困難、說話困難、全身無力，失去頭部控制能力。若由食物感染，還會有腹瀉、腹痛、嘔吐等腸胃道症狀。中毒的嚴重程度差異極大，有人輕微，但嚴重者會發展到呼吸衰竭，突然死亡。

Q 如何治療肉毒桿菌中毒？

若被診斷為肉毒桿菌中毒，患者多需要住院觀察，以了解神經阻斷的程度。若有必要，可及早使用肉毒桿菌抗毒素治療，阻止病情惡化，但年紀小於 1 歲的患者並不適用。住院期間若因肌肉鬆弛無力導致呼吸衰竭，則需插管輔以呼吸器治療，維持生命徵象。

雖然使用抗毒素能減緩病情，但患者末梢神經仍需要數

個月以上才能恢復正常。假使在中毒後沒有適時接受治療，會造成很高的死亡率。

Ｑ 如何預防肉毒桿菌中毒？

要注意避免餵食蜂蜜給 1 歲以下的嬰幼兒，否則內含的孢子會對腸道菌叢不健全的嬰幼兒產生危害，免疫系統不全或有腸道問題的成人同樣也要避免食用蜂蜜。

家庭要自製醃漬食品或保存食物要注意衛生。製作醃漬蔬果前務必徹底清洗並去皮，最好先加熱食物達攝氏100 度，並持續加熱 10 分鐘，肉毒桿菌毒素不耐熱，煮沸之後毒力就會消失。

注意罐頭及真空包裝食物的狀況，如果罐頭的蓋子已經鼓脹撐起，或打開罐頭後發覺有異味，請直接丟棄，不要勉強試吃。選擇高溫高壓殺菌的真空包裝食品，並注意產品是否在運輸及販賣過程中有保持低溫冷藏，解凍食用時同樣要先加熱至攝氏 100 度，加熱 10 分鐘。

肉毒桿菌中毒

大自然中存在肉毒桿菌及肉毒桿菌孢子

肉毒桿菌 ·····> 肉毒桿菌素

分泌

活化

肉毒桿菌孢子

抑制神經傳導

肌肉無法收縮

成人肉毒桿菌中毒：

最先表現視力模糊

接著會
眼皮下垂
吞嚥困難
說話困難
全身無力

嬰兒肉毒桿菌中毒：

最先表現便祕

接著會
困難餵食
全身軟趴趴
肌肉張力低下

預防肉毒桿菌中毒

避免餵食蜂蜜
給1歲以下嬰兒

攝氏100度
加熱10分鐘

注意罐頭及
真空包裝食物的狀況

A 型肝炎

Q 為什麼會有 A 型肝炎？

A 型肝炎屬於病毒性肝炎，主要經由糞口途徑傳染，假使食物沒有徹底煮熟，或水源受到病毒感染，患者就會經由飲食感染 A 型肝炎病毒。

飲食前沒有洗手，或接觸患者的糞便、尿布前後沒有洗手，也會增加感染 A 型肝炎的機會。只有極為少數的 A 型肝炎是藉由血液及性行為傳染。

A 型肝炎有別於 B 型及 C 型肝炎，患者通常能完全康復，且能產生抗體而終生有抵抗力，不會因慢性肝炎而肝硬化。然而若患者年紀過大，或原本就有其他酒精性、病毒性、代謝型的肝炎導致肝功能受損，就可能因為猛爆性 A 型肝炎死亡。

Q A 型肝炎會出現哪些症狀？

A 型肝炎的潛伏期不短，從感染到發病大約 2 星期到 7 星期左右，發病症狀為發燒、倦怠、食慾不振、嘔吐、肚子不舒服，尤其容易在右側肋骨下緣感到疼痛，數天

後出現黃疸症狀，尿液顏色變深，甚至顏色像可樂。

年紀輕的感染者常常沒有任何症狀，但成年人多有不適，嚴重程度更是隨著年齡增長而增加。

Q 如何治療 A 型肝炎？

若從症狀或病史懷疑患者罹患肝炎，醫師會安排抽血檢查，從體內抗體確定是否有 A 型肝炎。

目前還沒有任何藥物能夠對抗 A 型肝炎病毒，僅能提供支持性療法：以藥物減少患者發燒、嘔吐等症狀的不適，補充營養，建議患者多休息並戒酒以減少肝臟負擔。絕大多數患者在 6 個月後就能清除體內的 A 型肝炎病毒。

假使患者年紀較大或帶有其他慢性肝炎而導致猛爆性 A 型肝炎，甚至引發肝臟衰竭，可能會需要緊急換肝拯救性命。

Q 如何預防 A 型肝炎？

A 型肝炎是經由糞口途徑傳播，預防的第一要件就是養成良好衛生習慣並勤洗手，飯前、便後、處理食物前更要多洗手，不要生飲生食。

很多人不知道可以注射 A 型肝炎預防疫苗。總共要打兩

劑，兩劑間隔至少 6 個月，免疫力大約可以維持 20 年，安全性高且保護力長。

目前健保沒有給付一般民眾施打 A 型肝炎疫苗，但建議以下族群考慮施打：

- 年滿 1 歲，或已超過 1 歲但未接種疫苗的兒童。
- 食品處理業者。
- 醫護人員。
- 幼教人員。
- 有毒癮者。
- 到 A 型肝炎盛行的國家旅行，包括中國大陸、東南亞、南亞、南美洲、非洲等地。
- 血友病患者：血友病患者可能常需要輸血，罹患其他種類肝炎的機會較高，而 A 型肝炎容易預防，應主動接種。
- 已罹患 B 型肝炎或 C 型肝炎的患者：萬一再罹患 A 型肝炎，肝功能會快速衰退。

接種疫苗是目前預防 A 型肝炎最有效的方法，安全性高。若家有幼兒或符合以上條件的人，請記得就醫詢問醫師。

A型肝炎

病毒性A型肝炎主要是經由糞口途徑傳播

發病症狀為發燒、倦怠、食慾不振、嘔吐、黃疸。

水源受汙染

食物受汙染

症狀嚴重程度隨年齡增加而增加。

飯前、便後、處理食物前都要正確洗手，預防A肝傳染。

建議接受A肝疫苗預防注射的族群

年滿一歲的兒童

到A肝盛行的國家旅行

食品處理、醫護、照顧幼兒等從業人員

血友病患者

總共要打兩劑疫苗，兩劑間隔至少六個月，免疫力約可持續20年

已有其他種肝病

B 型肝炎

Q 為什麼會有 B 型肝炎？

B 型肝炎是由 B 型肝炎病毒傳染的疾病。B 型肝炎病毒會藉由血液或體液傳染，像在輸血、注射、針扎事故或性行為時，帶有病毒的血液和體液穿過皮膚透過黏膜進入人體，因而造成感染。

過去台灣早期流行的 B 型肝炎多來自母體垂直感染，意指母親為 B 肝帶原者，並在生產前後將 B 型肝炎病毒傳給新生兒。

B 型肝炎病毒進入人體後會引發急性感染，大部分的成年感染者能夠痊癒。然而當感染者的年紀愈小，病毒愈容易繼續侵襲肝臟，導致慢性肝炎，患者成為 B 肝帶原者。

Q B 型肝炎會出現哪些症狀？

B 型肝炎症狀會在感染後的 1 到 4 個月間發作，病人可能厭食、倦怠、噁心、嘔吐、全身無力及腹部不適，甚至有黃疸及茶色尿，但通常多數患者的症狀並不明顯。

B 型肝炎病毒會導致肝臟反覆發炎，逐步破壞肝臟功能，患者進而會有肝硬化、肝癌、肝衰竭等問題，絕不能等閒視之。

Q 如何治療 B 型肝炎？

假使身上沒有對抗 B 型肝炎的抗體，卻因針扎、輸血或性行為而接觸到帶有 B 型肝炎病毒的體液或血液，醫師可能會建議在 12 小時內注射 B 肝免疫球蛋白，並依序接受 B 肝疫苗接種，以降低罹患的機率。

若確定是 B 型肝炎急性感染，患者的症狀通常不嚴重，也不用接受特別治療，只要多休息、補充足夠營養即可，多數成人能自行康復。

對於慢性感染的患者，目前能選擇干擾素及幾種抗病病毒藥物治療，接受治療能減少肝臟被病毒破壞的程度，也能減少傳染 B 型肝炎病毒給他人的機會。治療後肝功能正常的 B 型肝炎帶原者可於半年到一年間到醫院複診。肝功能不正常的 B 型肝炎帶原者則由醫師決定多久該追蹤一次。

若 B 型肝炎已經造成肝硬化、肝癌或肝衰竭，唯一的治療方法是肝臟移植。

Q 如何預防 B 型肝炎？

過去沒有疫苗，台灣 B 型肝炎帶原者的盛行率居高不下。現在，施打 B 型肝炎疫苗已被證實可以有效防止感染 B 型肝炎。如無出生意外，新生兒分別會於出生後 24 小時內、1 個月大、6 個月大時，完成三劑 B 肝疫苗接種。

此外，孕婦在產檢時都會做 B 型肝炎篩檢，假使母親為高傳染性的 B 肝帶原者，新生兒出生後要盡快接受 B 肝免疫球蛋白注射，並於 1 歲時追蹤抽血檢查抗原抗體，以確定幼兒的帶原情況。

假使出生時因故沒有接受 B 型肝炎疫苗預防接種，到了孩童時期還是要盡快接種。醫護人員、洗腎患者、毒癮者、有危險性行為者都較容易接觸到 B 型肝炎病毒，記得確定自己的疫苗接種狀況，並抽血檢查抗體。

B型肝炎

B肝病毒
經血液傳染
讓肝臟反覆發炎

肝硬化 → 肝癌

肝衰竭

台灣早期B肝多來自
母體垂直感染

施打疫苗可有效預防

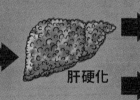

出生後
24小時內

1個月大

母親是B肝帶原者

6個月大
完成三劑
B肝疫苗接種

傳給新生兒

若母親為
高傳染性
B肝帶原者

出生後要儘快注射
B肝免疫球蛋白

感染B肝的年齡愈小，
愈易成為B肝帶原者。

C 型肝炎

Q 為什麼會有 C 型肝炎？

C 型肝炎病毒與 B 型肝炎病毒一樣是藉由血液及體液傳播，B 型肝炎病毒是 DNA 病毒，而 C 型肝炎病毒是 RNA 病毒，具有 6 種不同主要基因型和 100 種以上的次要基因亞型。

好發族群：長期需要輸血或施打血液製品的血友病患者，以及容易被針扎的醫護人員，都是容易感染 C 型肝炎的族群。過去曾有醫療院所重複使用注射針具，導致村落群聚式感染 C 型肝炎。

血液透析、刺青、不安全性行為等也是常見的傳播方式。生產前後由母體垂直感染的 C 型肝炎則較少見。

Q C 型肝炎會出現哪些症狀？

感染 C 型肝炎病毒後大約在 1 至 3 個月內發病，初期少數患者會感到疲憊、食慾不振、發燒、腹部疼痛，或偶有黃疸及茶色尿等問題，但多數患者沒有任何身體不適，因此並不知道自己已罹患 C 型肝炎。患者出現明顯身體

不適時常是在感染多年以後，超過一半的 C 型肝炎患者會變成慢性感染。

C 型肝炎病毒反覆攻擊肝臟，導致肝臟發炎和肝硬化，患者因而有容易出血、下肢水腫、腹部積水、黃疸等問題，到醫院抽血檢查才意外診斷出 C 型肝炎。

Ⓠ 如何治療 C 型肝炎？

由於 C 型肝炎初期感染的症狀並不明顯，且病毒在患者出現症狀之前已大肆破壞肝臟，因此建議下列族群可與醫師討論是否該定期抽血檢查有無感染：

- **被針扎或碰到血液的醫護人員**
- **性伴侶患有 C 型肝炎**
- **母親有 C 型肝炎病毒的新生兒**
- **長期洗腎的患者**
- **毒癮者**
- **刺青或穿洞者**

若抽血檢查患者體內確實有 C 型肝炎病毒，醫師會進一步檢驗病毒量與病毒基因型。若有需要，醫師會建議做肝臟切片，麻醉後取出患者一小部分的肝臟送化驗，確定肝臟的破壞程度。

確定以上狀況後，醫師會根據病毒量與病毒基因型選用

適當的抗病毒用藥治療，也可合併干擾素治療，可是治療期漫長，患者需服用藥物3個月、半年、甚至1年不等，藥物副作用也不少，因此常有患者中斷治療。

若已患有 C 型肝炎，記得要接種預防 B 型肝炎及 A 型肝炎的疫苗，以免肝臟再度破壞。患者每 3 到 6 個月要抽血檢查肝功能及胎兒蛋白，並依照指示接受超音波檢查，好早期發現肝臟變化。

等到嚴重肝硬化或甚至肝衰竭才接受治療，只剩下肝臟移植一途。

Ｑ 如何預防 C 型肝炎？

目前沒有疫苗能夠預防 C 型肝炎，各位讀者務必要注意以下生活事項：

- 不與人共用生活衛生用品，像是刮鬍刀、牙刷、毛巾、指甲刀等，刮破皮膚或黏膜都會導致感染。
- 若要在身上穿洞或刺青，要確定店家有充分消毒滅菌。
- 醫療院所該使用拋棄式注射針具。
- 萬一有毒癮，不要與他人共用針頭。
- 安全性行為，以避免體液傳染 C 型肝炎病毒。

C型肝炎

剛感染C肝時
經常沒有明顯症狀

抽血發現罹患C肝

抽血檢查體內C肝
病毒量及病毒型
服用抗病毒藥物治療

不與別人共用刮鬍刀、
牙刷、毛巾、指甲剪

C肝的
血液傳播

使用拋棄式注射針具

穿洞刺青的工具
要充分消毒滅菌

預防C肝，
你需要注意這些事情！

目前沒有疫苗
能預防C肝！

避免共用針頭

安全性行為

流行性感冒

Q 什麼是流行性感冒？

流行性感冒是流感病毒引發的呼吸道傳染疾病，主要由感染者咳嗽、打噴嚏時產生的飛沫將病毒傳播給他人。

由於流感病毒可以短暫存活於物體表面，若是手摸到感染者的口沫、鼻涕等黏液後，再接觸自身的口、鼻、眼睛，也會有接觸感染。感染後潛伏期約 2 天。

流感病毒可以分成 A 型、B 型、C 型三種，其中能引起季節性流行的為 A 型流感及 B 型流感，高峰是每年 11 月到隔年 3 月。

由於流感病毒極容易突變，每年流行的病毒株可能會不同，造成流感爆發快速，傳染範圍廣，萬一爆發流行時常會造成老人、具慢性疾病者、嬰幼兒的重症及死亡。

Q 會出現什麼症狀與併發症？

症狀與一般感冒類似，但會比一般感冒來得更快，高燒、倦怠、咳嗽、流鼻水、喉嚨痛、肌肉痠痛的程度都更嚴

流行性感冒

流行性感冒是流感病毒引發的傳染疾病

流感病毒極容易突變每年流行的病毒株可能不同

BUT

流感爆發快速,傳播範圍廣,可能出現嚴重併發症。

嚴重肺炎

心臟衰竭

侵襲性
細菌感染

減少併發症最有效的方法是接種流感疫苗

還要勤洗手與戴口罩

流感症狀類似一般感冒

流鼻水　　　　高燒

肌肉痠痛　　　倦怠

喉嚨痛　　　　咳嗽

容易併發流感重症的族群

大於65歲

小於5歲

患有慢性疾病

肥胖

住在安養機構

孕婦

重。通常患者能在 2 到 7 天內恢復，但少數患者會出現嚴重肺炎、心臟衰竭及侵襲性細菌感染等致命併發症。

Q 如何治療流行性感冒？

臨床上的感冒、喉嚨發炎、支氣管炎或尚未找到原因的肺炎，都可能是流感病毒引起的，因此若有感冒症狀可先就醫檢查，由醫師判定是否需要做流感快速篩檢。

假使快篩後確診為流行性感冒，可依醫師建議服用流感抗病毒制劑「克流感」或「瑞樂沙」，藥物應於發病內 48 小時開始使用效果較好。患者需攝取足夠水分且多休息，醫師會視患者症狀給予支持型療法，紓解不適。

Q 如何預防流行性感冒？

我們應該要維持手部清潔，勤洗手，並適當處理口鼻分泌物。出入醫院等公共場合或是搭乘大眾運輸時要記得戴口罩，並減少待在空氣不流通的室內環境時間。

然而要提醒大家，預防流感和減少流感併發最有效的方法是接種疫苗，尤其年齡大於 65 歲、年齡小於 5 歲、患有慢性疾病、肥胖、孕婦與住在安養機構的人，都屬於容易併發流感重症的族群，應每年接種流感疫苗，減少併發症並且降低死亡率。

除了政府建議公費疫苗施打的對象外，建議家有幼兒及長者的青壯年、準爸爸、嬰幼兒照顧者、學生及通勤族，都可以自費施打疫苗。

流感疫苗分成三價疫苗和四價疫苗兩類不同產品，三價疫苗內包含兩種 A 型及一種 B 型，而四價疫苗內含有兩種 A 型及兩種 B 型疫苗株，公費疫苗為三價疫苗。

接種流感疫苗後，保護效果會在 6 個月後下降，而且每一年流行的流感病毒株可能會不同，疫苗製作時對抗的病毒株也不同，因此每年重新接種才能獲得足夠的保護力。

一般建議在每年 10 月，也就是流感開始流行之前就可以接種疫苗了！擁有保護力的人數愈多，愈能有效阻斷疾病傳播，我們稱為「群體免疫」，如此才能擊敗流感。

流感疫苗

流感是流感病毒引發的傳染疾病

流感高峰為每年11月至隔年3月

每年社區流行的病毒株皆不太一樣需要重新施打才能獲得保護力

接種流感疫苗可減少併發症並降低死亡率

公費疫苗
施打對象

65歲以上長者

孕婦

滿六個月至小六兒童

家有幼兒及長者的青壯年

準爸爸

通勤族

學生

嬰幼兒照顧者

擁有保護力的人數愈多愈能有效阻斷疾病傳播

建議自費施打疫苗

群體免疫

Dr. 小志志圖解健康醫學

作 者：劉育志、白映俞
企 劃 選 書：余筱嵐
責 任 編 輯：余筱嵐

版　　　權：林心紅
行 銷 業 務：何學文、林秀津
副 總 編 輯：程鳳儀
總 經 理：彭之琬
發 行 人：何飛鵬
法 律 顧 問：台英國際商務法律事務所羅明通律師
出　　　版：商周出版
　　　　　　台北市 104 民生東路二段 141 號 9 樓
電　　　話：（02）25007008　傳真：（02）25007759
　　　　　　E-mail：bwp.service@cite.com.tw
發　　　行：英屬蓋曼群島商家庭傳媒股份有限公司城邦分公司
　　　　　　台北市中山區民生東路二段 141 號 2 樓
　　　　　　書虫客服服務專線：02-25007718；25007719
　　　　　　服務時間：週一至週五上午 09:30-12:00；下午 13:30-17:00
　　　　　　24 小時傳真專線：02-25001990；25001991
　　　　　　劃撥帳號：19863813；戶名：書虫股份有限公司
　　　　　　讀者服務信箱：service@readingclub.com.tw
　　　　　　城邦讀書花園：www.cite.com.tw
香港發行所：城邦（香港）出版集團有限公司
　　　　　　香港灣仔駱克道 193 號東超商業中心 1 樓
　　　　　　E-mail：hkcite@biznetvigator.com
　　　　　　電話：(852) 25086231　傳真：(852) 25789337
馬新發行所：城邦（馬新）出版集團 Cite (M) Sdn Bhd
　　　　　　41, Jalan Radin Anum, Bandar Baru Sri Petaling,
　　　　　　57000 Kuala Lumpur, Malaysia.
　　　　　　Tel: (603) 90578822 Fax:(603) 90576622
　　　　　　E-mail：cite@cite.com.my

封 面 設 計：徐璽工作室
美 術 設 計：賴維明
印　　　刷：韋懋印刷事業有限公司
經　　　銷：聯合發行股份有限公司
　　　　　　電話：（02）2917-8022
　　　　　　傳真：（02）2911-0053
　　　　　　地址：新北市 231 新店區寶橋路 235 巷 6 弄 6 號 2 樓

國家圖書館出版品預行編目（CIP）資料

Dr. 小志志圖解健康醫學 / 白映俞 , 劉育志著 . --
初版 . -- 臺北市：商周出版：家庭傳媒城邦分公
司發行 , 2016.07
　面；　　公分 . -- (生活視野；15)
ISBN 978-986-477-071-7(平裝)

1. 家庭醫學 2. 保健常識

429　　　　　　　　　　　　　　105013073

■ 2016 年 7 月 28 日初版　　　　　　　Printed in Taiwan
定價 400 元

廣　告　回　函
北區郵政管理登記證
北臺字第000791號
郵資已付，免貼郵票

104　台北市民生東路二段141號2樓

英屬蓋曼群島商家庭傳媒股份有限公司城邦分公司　收

- -

請沿虛線對摺，謝謝！

書號：BH2015	書名：Dr.小志志圖解健康醫學	編碼：

讀者回函卡

不定期好禮相贈！
立即加入：商周出版
Facebook 粉絲團

感謝您購買我們出版的書籍！請費心填寫此回函卡，我們將不定期寄上城邦集團最新的出版訊息。

姓名：_____　性別：□男　□女

生日：西元_____年_____月_____日

地址：_____

聯絡電話：_____　傳真：_____

E-mail：

學歷：□ 1. 小學 □ 2. 國中 □ 3. 高中 □ 4. 大學 □ 5. 研究所以上

職業：□ 1. 學生 □ 2. 軍公教 □ 3. 服務 □ 4. 金融 □ 5. 製造 □ 6. 資訊

　　　□ 7. 傳播 □ 8. 自由業 □ 9. 農漁牧 □ 10. 家管 □ 11. 退休

　　　□ 12. 其他_____

您從何種方式得知本書消息？

　　　□ 1. 書店 □ 2. 網路 □ 3. 報紙 □ 4. 雜誌 □ 5. 廣播 □ 6. 電視

　　　□ 7. 親友推薦 □ 8. 其他_____

您通常以何種方式購書？

　　　□ 1. 書店 □ 2. 網路 □ 3. 傳真訂購 □ 4. 郵局劃撥 □ 5. 其他_____

您喜歡閱讀那些類別的書籍？

　　　□ 1. 財經商業 □ 2. 自然科學 □ 3. 歷史 □ 4. 法律 □ 5. 文學

　　　□ 6. 休閒旅遊 □ 7. 小說 □ 8. 人物傳記 □ 9. 生活、勵志 □ 10. 其他

對我們的建議：_____

_____

_____